Wie funktioniert der

Treibhauseffekt

wirklich?

Basiswissen für plausible Klimamodelle

Jochen Ebel

Redigator (auch als Advocatus Diaboli):
Kai Ruhsert

Wie funktioniert der **Treibhauseffekt** wirklich?

Basiswissen für plausible Klimamodelle

Jochen Ebel

Redigator (auch als Advocatus Diaboli):
Kai Ruhsert

Umschlagsbild ©iStockphoto.com/BenGoode

Bibliografische Information der Deutschen Nationalbibliothek:
Die Deutsche Nationalbibliothek verzeichnet diese
Publikation in der Deutschen Nationalbibliografie;
detaillierte bibliografische Daten sind im Internet
über http://dnb.dnb.de abrufbar.

Herstellung und Verlag:
BoD – Books on Demand, Norderstedt
ISBN: 978-3-7583-7292-6

Inhaltsverzeichnis

Inhaltsverzeichnis

1. Wozu dieses Buch?

1.1. Vorwort

Die Debatte um die Klimasensitivität weist sogar in der Mainstreamliteratur einige Kuriositäten auf. Falsche Annahmen und unzutreffende Modelle finden sich keineswegs nur bei Leugnern des menschlichen Einflusses auf den Klimawandel. Grundlegende Unsauberkeiten in populärwissenschaftlichen Darstellungen deuten darauf hin, dass es auch einigen allgemein anerkannten Klimawissenschaftlern an einem hinreichenden Verständnis der tatsächlichen Wärmetransportvorgänge in der Atmosphäre mangelt. Sollte dies zu falschen Annahmen bei der Formulierung von Klimamodellen führen[1], so wäre damit deren Aussagekraft beeinträchtigt. Geo [2024]

Angesichts der komplexen Zusammenhänge beim Treibhauseffekt (z.B. der Überlagerung von Durchschnittswerten mit einer Vielzahl chaotischer Abweichungen - besonders in der Troposphäre[2]) darf die Bedeutung physikalisch richtiger Annahmen nicht unterschätzt werden. Unklarheit scheint vor allem darüber zu bestehen, dass die Dicke der Troposphäre aufgrund der darin stattfindenden Konvektion großen Einfluss auf die Klimasensitivität hat. Die Bedeutung der Konvektion ist auch Dietze [2016] bekannt, er spricht von einem Bypass zum Strahlungstransport[3].

Allerdings wird dieser «Bypass» von ihm und vielen anderen nicht entsprechend berücksichtigt. Es wäre schon mit dem Wissen von 1906 (Schwarzschild [1906]) eine in allen wesentlichen Punkten überzeugen-

---

[1] Beispiel: geozentrisches Weltbild Geo [2024] - Um die Beobachtungen mit der *(falschen)* Theorie in Einklang zu bringen wurden immer kompliziertere Planetenbahnen erfunden.

[2] oberflächennahe Schicht der Atmosphäre bis zur Tropopause - Tropopause: Siehe Seite 6.

[3] [Dietze, 2016, Seite 2]:

> Nicht berücksichtigt wird von IPCC auch, dass die tropische Feuchtkonvektion einen Bypass zum Energie-Abtransport durch IR-Strahlung darstellt.

dere Darstellung der Klimasensitivität möglich gewesen. Eine weitere Literaturstelle aus dieser Zeit: Emden [1913].

Auch wird oft Ursache und Wirkung verwechselt und dabei keine schlüssige Wirkungskette genannt. Die Abkühlung der Tropopause wird als Folge der Abkühlung der Ozonschicht genannt - aber die Abkühlung der Stratosphäre ist hauptsächlich die Folge der Abkühlung des Fußpunktes der Stratosphäre - nämlich der Abkühlung der Tropopause. Eine veränderte Wolkenbildung wird auch als Ursache der Erhöhung der Oberflächentemperatur angegeben. Aber auch das ist die Folge der veränderten Tropopausenhöhe durch mehr Treibhausgase: die veränderte Tropopausenhöhe verändert die Konvektionsmuster.

Ein weiterer Punkt ist wesentlich. Der Höhenanstieg der Tropopause ist Anzeige Santer et al. [2003] und wesentlicher Schritt in der Erwärmung der Erdoberfläche bei allen Ursachen der Erwärmung - ganz gleich ob Zunahme der Solarintensität, Erhöhung der Treibhausgaskonzentration oder zusätzlicher Abwärme. Auf Grund der Höhe werden Mittelwerte über große Flächen gebildet, so dass Meßfehler, Wärmeinseleffekte usw. kaum eine Rolle spielen. Diese fast unwesentlichen Punkte werden von Leugnern des Klimawandels oft hochgespielt, um den Klimawandel zu bestreiten.

Der Wasserdampf der Atmosphäre ist eine weitere Quelle von Missverständnissen. In der wissenschaftlichen Literatur findet sich häufig der Begriff der ≪*Wasserdampf-Rückkopplung*≫ oder ≪*Wasserdampfverstärkung*≫. Ohne Wasserdampf wäre die Oberflächentemperatur jedoch höher (siehe Abschnitt 4.6.3 auf Seite 31), von einer verstärkenden Wirkung des Wasserdampfes auf den Treibhauseffekt kann daher keine Rede sein.

Zur Beweisführung sind in der zweiten Hälfte der Abhandlung viele Gleichungen erforderlich. Wer deren Auflösung nicht in allen Details folgen kann, möge die entsprechenden Abschnitte bitte überlesen und die Ergebnisse als richtig betrachten.

Zur einfacheren Lesbarkeit ist die Rechtschreibung bei älteren Zitaten durch die aktuelle Rechtschreibung ersetzt.

1.2. Anmerkungen

1.2.1. Zu Wikipedia

In der Fachliteratur ist es unüblich, die Wikipedia zu zitieren. Grund dafür sind gleichzeitig auch die Vorzüge der Wikipedia - dass nämlich viele Autoren an den Formulierungen beteiligt sind. Das sorgt für allgemeinverständliche Darstellungen, leichtere Lesbarkeit, einfache Erreichbarkeit; bringt aber auch die Gefahr mit sich, daß Laien oder Interessengruppen eine richtige Darstellung verfälschen.

Da der Autor einen breiten Leserkreis anstrebt, möchte er die Vorzüge der Wikipedia nutzen und zitiert an einigen Stellen auch diese Quelle. Der Autor beherrscht die Physik, weiß die Wikipedia kritisch zu lesen und verweist nur auf Stellen, die inhaltlich richtig sind und durch vielfältiges Korrekturlesen eine allgemeinverständliche Form erreicht haben.

Bei Bedarf kann die zitierte Fassung eines Artikels in der Wikipedia mit Hilfe von dessen "Versionsgeschichte" wiederhergestellt werden.

1.2.2. Hinweise auf weitere Veröffentlichungen der Autoren

Die folgenden Verweise führen zu vollständigen Texten (darunter von Fourier und Einstein) mit Erläuterungen, Kommentierungen, Kritiken und Ergänzungstexten:

- Anmerkungen zu den Strahlungsgesetzen: Ebel [2021a]
- Kommentare zu Schriften über den Treibhauseffekt (pro und contra): Ebel [2021b]
- Widerlegung einer oft zitierten "Klimaskeptiker"-Schrift: Ebel [2021c]
- Außerdem eine allgemeinverständliche Erklärung des Treibhauseffekts (mit Powerpoint-Folien): Ebel [2021d]

1.2.3. Physik und Meßbarkeit

Der nachfolgende Absatz hat teilweise nicht unmittelbar mit der Atmosphäre zu tun - aber er sollte das Verständnis der atmosphärischen Erscheinungen erleichtern.

Die grundlegenden physikalischen Größen sind in der Theorie genau definiert. Störeinflüsse werden bei Messungen so weit wie möglich eliminiert. Jeder weiß, was 1 kg sind. Aber bei den genauen Messungen sind im Lauf der Zeit große Anforderungen entstanden: Westram [2023]. Je nach Meßverfahren ist z.B. auch der Auftrieb des Meßkörpers in der Atmosphäre zu berücksichtigen. Wie sieht es mit der Bestimmung einer großen Masse aus: z.B. der Erdkugel. Dafür kann man keine Waage verwenden, man muß rechnen. Dafür braucht man aber Konstanten, die auch erst gemessen werden müssen (siehe Herz-Stiftung [2023]).

Ein anderes Beispiel ist die Messung der Siedetemperatur. Dazu wird eine Flüssigkeit erhitzt und laufend die Temperatur gemessen. Das Sieden ist erreicht, wenn sich Dampfblasen bilden. Siehe AnonymS [2023]. Dabei bilden sich Dampfblasen bei sauberen Bedingungen erst bei sehr hohen Temperaturen. Es wird versucht, die Dampfblasenbildung zu beschleunigen um die Siedetemperatur zu bestimmen. Außerdem ist die Siedetemperatur vom Druck abhängig - besonders schön ist das bei Geysiren zu sehen: Ein tiefer Schacht ist mit Wasser gefüllt und wird am Boden durch Erdwärme geheizt. Wegen des hohen Drucks der Wassersäule ist die Siedetemperatur sehr hoch. Beim Einsetzen des Siedens werfen die Dampfblasen Wasser aus und die verkürzte Wassersäule erniedrigt den Druck und damit die Siedetemperatur. Dadurch steigen Sieden und Dampfblasenbildung, wodurch sich der Wasserauswurf verstärkt.

Ein weiteres Beispiel ist die Kondensation bei übersättigten Wasserdampf. Ohne Kondensationskeime verwandelt sich Wasserdampf nicht in flüssiges Wasser. Um vorzeitiges Abregnen aus einem übersättigten Bereich zu erreichen, wird dieser Bereich z.B. mit Silberjodid geimpft.

Ein solch besonderer Fall ist auch die Tropopause. Schwarzschild [1906] schrieb (zwar zur Sonnenatmosphäre, aber nicht nur):

> Von besonderem Interesse ist ein Vergleich des Temperaturgradienten bei Strahlungs- und bei adiabatischem Gleichgewicht ...
>
> ⋮
>
> Im Vordergrunde der Betrachtung stand bisher allgemein das sog. a d i a b a t i s c h e Gleichgewicht, wie es in unserer Atmosphäre herrscht, wenn sie von auf- und absteigenden Strömungen gründlich durchmischt ist. Ich möchte hier auf eine andere Art des Gleichgewichts aufmerksam machen, welche man als »Strahlungsgleichgewicht« bezeichnen kann. Strahlungsgleichgewicht wird sich in einer stark strahlenden und absorbierenden Atmosphäre einstellen, in welcher die durchmischende Wirkung auf- und absteigender Ströme gegenüber dem Wärmeaustausch durch Strahlung zurücktritt.
>
> ⋮

> Das Strahlungsgleichgewicht ist demnach über-
> all stabil, ... Für mehratomige Gase würde in
> tieferen Schichten (von höherer Temperatur t)
> Instabilität eintreten.

> Es wird daher hier die Vorstellung nahe gelegt, daß ei-
> ne äußere Schale der Sonnenatmosphäre sich in stabilem
> Strahlungsgleichgewicht befindet, während sich vielleicht in
> der Tiefe eine dem adiabatischen Gleichgewicht angenäher-
> te Zone auf- und absteigender Ströme erstreckt, die dann
> zugleich die Entnahme der Energie aus ihren eigentlichen
> Quellen besorgen wird.

Die Zweiteilung der Atmosphäre gilt aus physikalischen Gründen natürlich auch für die Erdatmosphäre. Zwischen zwei verschiedenen Schichten existiert natürlich auch eine Berührungsfläche - hier die Tropopause. Allerdings ist die reale Bestimmung der Tropopausenhöhe nicht so einfach wie in der Theorie:

»... gegenüber dem Wärmeaustausch durch Strahlung zurücktritt«. Das bedeutet, daß die Zweiteilung von vielen Faktoren abhängt: von der Stärke des Wärmestroms (Temperaturgradient), von den Mischungsverhältnissen (z.B. Konzentration der Treibhausgase, Reste von Wasserdampf) usw. Das hat zur Folge, das verschiedene Definitionen der Tropopause verwendet werden (müssen) - siehe Sprenger and Wernli [2010][4].

Die „Entnahme der Energie" erfolgt hauptsächlich von der Oberflächenschicht der Erde als Wärmetransport und Strahlung.

Der Treibhauseffekt ist ein großvolumiger Effekt[5] mit unterschiedlichen Werten an unterschiedlichen Orten. Aus Messungen in einem kleinen Labor lassen sich keine »Beweise« für oder gegen den Treibhauseffekt ableiten, sondern man kann nur Zahlenwerte gewinnen: Analog dazu kann man mit der Cavendishwaage nicht das Erdgewicht »beweisen«, sondern nur Zahlenwerte gewinnnen, um das Gravitationsgesetz anzuwenden.

Trotzdem gibt es Einige, die den Treibhauseffekt nicht verstanden haben z.B. Ermecke [2009, 2010] oder Kapitel H auf Seite 95: Sie sammelten unbrauchbare »Beweise«, daß kein Treibhauseffekt existiert.

---

[4] In einer Definition der Tropopause steht der Begriff Vortizität: Im Bereich der Tropopause sind Winde. Die Stärke der Winde wird als Wirbelstärke gemessen.

[5] Der größte Temperaturgradient in der Atmosphäre ist ca. $10\,K/\text{km}$. Im Labormaßstab mit ca. 1 m ergeben sich auch bei starker Strahlung nur ca. 0,01 K - wegen Meßunsicherheiten kaum oder schwierig zu messen.

1.2.4. Verteilung der Treibhausmoleküle

Die Atmosphäre besteht aus einem Gemisch verschiedener Gase. Ein geringer Anteil davon sind Gase, die mit Infrarotstrahlung wechselwirken, indem sie diese absorbieren und emittieren. Diese Gase werden meistens «Treibhausgase» genannt (engl. «Greenhouse Gases»). Die wichtigsten Gase der Atmosphäre sind Stickstoff (N_2) und Sauerstoff (O_2), deren Wechselwirkung mit der Infrarotstrahlung zu vernachlässigen ist. Zu den Treibhausgasen gehören gasförmiges Wasser (Wasserdampf - H_2O), Kohlendioxid (CO_2), Ozon (O_3) usw.

Im Bereich des Strahlungsgleichgewichts wird durch Kollisionen der Moleküle die Temperatur der Treibhausgasmoleküle an die Menge der Moleküle[6] der anderen Gase übertragen - im Bereich des adiabatischen Gleichgewichts wird die Temperatur der anderen Gase auch an die Treibhausgasmoleküle übertragen.

Die Verteilung der Treibhausmoleküle ist im allgemeinen nicht örtlich gleich. Das trifft nur für gut gemischte Treibhausgase zu, zu denen z.B. CO_2 gehört. Bei anderen Gasen ist das anders. So z.B. beim Wasserdampf, der in der unteren Atmosphäre konzentriert ist, denn da es nach oben kälter wird, kondensiert der Wasserdampf und das kondensierte Wasser fällt aus. Durch die Kondensationswärme beeinflußt Wasserdampf den Temperaturverlauf auch zusätzlich zu den Strahlungseigenschaften des Wasserdampfes.

Ozon ist hauptsächlich in der Ozon-Schicht vorhanden, da es dort durch UV-Absorption gebildet wird.

Gleiche Druckunterschiede (*dp*) zwischen verschiedenen Höhen bedeuten, dass die vertikale Menge der Moleküle in den zugehörigen Höhenabschnitten gleich ist, aber die zugehörigen Höhenunterschiede ggf. unterschiedlich sind. Das gilt auch für die Teilmenge der Treibhausgase, da in der Stratosphäre von einer annähernd gleichmäßigen Vermischung ausgegangen werden kann. Jedes einzelne Treibhausmolekül, mit dem ein Wärmestrahl wechselwirkt, trägt fast[7] in gleichem Maße zur Behinderung des Wärmestrahls bei.

---

[6] ein einzelnes Molekül hat keine Temperatur, die Temperatur beschreibt einen durchschnittlichen Zustand.

[7] »fast«, da die Druckverbreiterung der Spektrallinien die Wellenlängenabhängigkeit etwas ändert.

1.2.5. Moleküldaten und Strahlungswiderstand

Ohne Treibhausgase gäbe es keinen Treibhauseffekt. Die Treibhausgase bestehen aus Molekülen. Das Verhalten von Molekülen in einem Strahlungsfeld wurde von Einstein [1916] beschrieben mit drei Konstanten B_{12} und B_{21} - der Absorption von Photonen aus dem Strahlungsfeld, der Emission von Photonen in das Strahlungsfeld und der Konstante der spontanen Emission A_{21}. Das gemeinsame Verhalten einer Vielzahl von Molekülen folgt aus den Eigenschaften der einzelnen Moleküle und wird als Absorptionskonstante k bzw. Transportwiderstand gemessen.

Moleküle, die ein Photon emittierten können, werden als angeregte Moleküle bezeichnet, Moleküle, die ein Photon absorbieren können, werden als nicht angeregt bezeichnet. Die Dichte der angeregten Moleküle wird in der nachfolgenden Gleichung mit N_2 und die Dichte der nicht angeregten Moleküle mit N_1 bezeichnet (die Gesamtdichte von $N_1 + N_2$ ist konstant). Der Zusammenhang ist in Gleichung (15) aus [Šimečková et al., 2006, S. 135] [ν ist eine Frequenz im Strahlungsfeld, ν_0 ist die Mittenfrequenz, $\phi(\nu - \nu_0)$ ist der Formfaktor, der die Frequenzabhängigkeit beschreibt]:

$$k(\nu - \nu_0) = (\ \underbrace{N_1 B_{12}}_{Absorption}\ -\ \underbrace{N_2 B_{21}}_{\substack{induzierte\\Emission}}\ )\frac{h\nu_0}{c}\phi(\nu - \nu_0) \qquad (1.1)$$

Schon bei der Absorption spielt die Emission eine Rolle - wenn auch nur der Teil der induzierten Emission. Allerdings ist bei den Temperaturen der Atmosphäre die Temperaturabhängigkeit der Absorption gering, da die Dichte von N_2 klein gegenüber N_1 ist (siehe Abschnitt A.5 auf Seite 59). In diesem Abschnitt ist auch der Transportwiderstand als Folge der spontanem Emission erklärt.

Über den Mechanismus des Strahlungstransports existieren leider auch Mythen. Durch Verzögerung bei der Speicherung der Photonen soll Transportwiderstand entstehen oder ein Photon soll im Zick-Zack weitergehen und oben soll wegen geringerer Luftdichte das Zick-Zack seltener werden (siehe Seite 104) usw.

Der Strahlungstransportwiderstand ist die Folge der spontanen Emission der Treibhausgasmoleküle. Jede Richtung der Emission jedes angeregten Treibhausgasmoleküls ist gleich wahrscheinlich (nach oben, unten, schräg usw.). Da es oben kühler ist, wird von oben nach unten von der höheren kühleren Schicht weniger emittiert als von der wärmeren tieferen Schicht nach oben (Stefan-Boltzmann-Gesetz). Die Differenz der Ströme beider Transportrichtungen ist der Nettowärmestrom nach oben. Die Temperaturdifferenz ist die Folge von Absorption und Emission, deren Größe durch den Wärmestrom der Atmosphäre aufgedrückt wird (siehe Seite 75ff).

Der Wärmestrom nach unten wird auch als Gegenstrahlung bezeichnet.

Der Gesamtwärmestrom ist noch komplizierter, da nicht nur von der Oberfläche emittiert wird, sondern auch von wärmeren Schichten emittiert wird - z.B. der Ozonschicht, die durch Absorption der UV-Strahlung der Sonne geheizt wird.

2. Klima und Wetter

Wettermodelle liefern das in der nahen Zukunft zu erwartende Wetter. Ab einer Vorhersagezeit von ca. 10 Tagen (je nach Wetterlage) wird die Abweichung vom sich tatsächlich einstellenden Wetter so groß, dass die Wettervorhersage unbrauchbar wird. Aus diesem Sachverhalt schließen einige fälschlich, dass Klimavorhersagen über mehrere Jahrzehnte unmöglich sind.

Klima ist jedoch definiert als durchschnittliches Wetter über einen Zeitraum, der hinreichend lang ist, um charakteristische Häufigkeitsverteilungen von Wetterereignissen einzuschließen. In der Meteorologie hat man sich dafür auf 30 Jahre geeinigt.

Rückschlüsse aus dem Durchschnitt von vielen Einzelvorgängen auf Zustandsänderungen von Gesamtsystemen werden in den Naturwissenschaften häufig verwendet. Als Beispiel seien hier die Gasgesetze genannt - als Gesamtwirkung der zufälligen Zusammenstöße und Bewegungen der Moleküle im Gasvolumen. Für jeden Zusammenstoß der einzelnen Moleküle gelten die Gesetze der Physik - es wäre aber wenig sinnvoll, auf dieser Basis das Verhalten von Gasen bestimmen zu wollen. [In diesem Beispiel etwa macht die Zufälligkeit der Zusammenstöße sich bei genauerer Analyse bloß als geringfügige Druckschwankung bemerkbar (hörbar gemacht als Rauschen) - analog zu den Wetterschwankungen aus der Perspektive der Klimaforscher.]

Auch ein weiterer Vergleich ist aufschlussreich: Man kann die Vielzahl der Molekülzusammenstöße mit Hochleistungscomputern simulieren und mit sehr viel mathematischer Statistik werden daraus die relativ einfachen Gasgesetze formuliert, oder es werden die Gasgesetze mit elementarer Betrachtung formuliert. Die Klimawissenschaftler fordern immer leistungsfähigere Computer, die immer kleinere Volumen der Atmosphäre simulieren, um die Klimafolgen zu berechnen. Es scheint jedoch, das dabei die elementare Betrachtung auf der Strecke bleibt.

Wie sich die Einstellung zu Klimafragen im Laufe der Zeit geändert hat, zeigen Zitate aus zwei Büchern im Abstand von 28 Jahren:

2. Klima und Wetter

Zuerst ein Auszug aus [Fortak, 1982, S. 78]:

> Die Konsequenzen dieser Entwicklung sind beachtlich, denn das CO_2 ist einer der Hauptabsorber der langwelligen Strahlung um 15 μm (vgl. Abb. 1) und somit an der atmosphärischen Gegenstrahlung[1] ganz maßgeblich beteiligt. Eine Erhöhung des CO_2-Gehaltes verstärkt demnach die Gegenstrahlung, mit dem Resultat, daß sich die Mitteltemperatur der Erde erhöhen müßte. Allerdings setzen damit in unserem komplizierten System Erde-Atmosphäre Regelprozesse ein, die nicht einfach zu überblicken sind und es sind deshalb auch noch keine eindeutigen Schlüsse auf Klimaänderungen möglich.

Man beachte das «*noch*». Ein zweiter Auszug 28 Jahre später [Lange, 2010, S. 486]:

> **8.6(c)** Zusammenfassend kann man also sagen, daß ein »Klimasignal« vom »Rauschen« des Wetters getrennt wurde, denn es wurde eine mit der entsprechenden Spektrallücke[2] zum Wetter ausgestattete neue Variable[2] gefunden, die den angestrebten Qualitätssprung beim Übergang vom Wetter zum Klima verkörpern kann. Diese Entdeckung erfolgte empirisch. In Kapitel 8.5 wurde betont, daß solche Signale durch physikalische Zwangsbedingungen begründet sein sollten. Welche Zwangsbedingungen hier vorliegen, muß noch erforscht werden. Eine Idee dazu auf der Grundlage der neuen Energie-Wirbeltheorie von Névir[3] [1998] ($\rightarrow$ Kapitel 10) liegt jedoch bereits vor.

Auch das Diagramm 4.3 auf Seite 23 zeigt, dass bei kurzen Zeiträumen von wenigen Jahren praktisch kein Trend zu einer Klimaänderung zu beobachten ist - bei längeren Zeiträumen hingegen sehr wohl.

---

[1] Siehe Kapitel B.2.2 auf Seite 64

[2] Gebrauchtes Kennzeichen zur Unterscheidung von Wettererscheinungen zu Klimaerscheinungen.

[3] Névir [2016]

3. Einordnung in die Klimaliteratur

Dieses Buch soll helfen, u.a. den Einfluss der Konvektion auf den Treibhauseffekt angemessen einzuordnen. Für diesen Zweck wird im Hauptteil [Abschnitt 4 auf Seite 17] ...

<table>
<tr><td>Abschnitt 4.</td><td>Ab Seite</td><td>Inhalt</td></tr>
</table>

Abschnitt 4.	Ab Seite	Inhalt
3	18	hypothetisch berechnet, welche Oberflächentemperatur sich bei fehlender Konvektion und ansonsten unveränderten Bedingungen einstellen würde.
4	21	dargestellt, wie sich eine höhere Treibhausgaskonzentration in erster Linie als Verschiebung der Tropopause (der Zone beginnender Konvektion) auswirkt.
5	24	die rechnerische Abhängigkeit der Tropopausenhöhe vom (mit der Treibhausgaskonzentration steigenden) Strahlungswiderstand ermittelt.
6	28	der Einfluss des Wasserdampfs untersucht.
7	33	die Änderung der Oberflächentemperatur bestimmt.
8	34	das vorherige Ergebnisse zusammengefaßt.
9	35	an den Mainstreamdarstellungen Kritik geübt.
10	40	zusätzliche Abwärme betrachtet.

Das Verständnis des Treibhauseffekts erfordert viel Grundlagenwissen, das in den ungewöhnlich großen Anhang ausgelagert wurde. Es folgt eine Übersicht:

3. Einordnung in die Klimaliteratur

englisch

This book shall help to classify adequately especially the influence of convection on the greenhouse effect. In the main part (section 4 on page 17) for this purpose:

---

[1] hier: Qualitätsmaß für Wärme - siehe Kapitel B.2.1 auf Seite 63

[2] kleinerer Teil der Gesamtstrahlung, der aus einer kälteren Quelle zum wärmeren Körper geht. Siehe Kapitel B.2.2 auf Seite 64

Understanding the greenhouse effect requires a great deal of basic knowledge. For this reason, the appendix makes up an unusually large portion of this book:

Contents

---

[3] in this case: quality measure for heat - see section B.2.1 on page 63

[4] smaller part of the total radiation going from a colder source to the warmer object. See section B.2.2 on page 64.

4. Untersuchungen der Auswirkung hypothetischer und realer Atmosphärenänderungen

Für das Verständnis des weiteren Textes ist Grundlagenwissen hilf-reich, das in Abschnitt A auf Seite 45 aufgeführt ist.

4.1. Übersicht

Um den Einfluss der Konvektion bei Änderung der Konzentration der Treibhausgase angemessen einordnen zu können, wird in Abschnitt 4.3 auf der nächsten Seite hypothetisch berechnet, welche Oberflächentemperatur sich bei fehlender Konvektion und ansonsten unveränderten Bedingungen einstellen würde. Entlang der Strecke der Strahlungsausbreitung wechselwirkt die Strahlung mit entsprechenden Treibhausgasmolekülen. Die Wechselwirkung besteht darin, das unangeregte Treibhausgasmoleküle Strahlungsphotonen absorbieren und dadurch angeregt werden und angeregte Treibhausgasmoleküle u.a. Photonen emittieren. Diese Wechselwirkung wirkt als Strahlungswiderstand. Mit steigender Treibhausgaskonzentration erfolgt die Wechselwirkung mit den Treibhausgasmolekülen mit größerer Häufigkeit - dadurch steigt der Strahlungswiderstand. In Abschnitt 4.4 auf Seite 21 wird dargestellt, dass eine höhere Treibhausgaskonzentration sich in erster Linie als Verschiebung der Tropopause (zur Zone beginnender Konvektion unterhalb der Tropopause, d.h. der Troposphäre) auswirkt. Die rechnerische Abhängigkeit der Tropopausenhöhe vom Strahlungswiderstand wird in Abschnitt 4.5 auf Seite 24 ermittelt. Abschnitt 4.6 auf Seite 28 widmet sich dem Einfluss des Wasserdampfes.

Die Konzentration der Treibhausgase in der Atmosphäre wird in »ppm« angegeben. »ppm« ist die Abkürzung von »parts per million« (Anteile pro Million). Da meist der Volumenanteil gemeint ist wird das selten, aber richtiger, als »ppmV« angegeben. Wegen des unterschiedlichen Molekulargewichts (Luft durchschnittlich: 29, CO_2: 44) sind die Gewichtsanteile anders.

4.2. Verkürzte Zusammenhänge

Bei den Warnungen vor der Klimaerwärmung werden einfach irgendwelche Phänomene aus der Wirkungskette der Folgen des erhöhten Strahlungswiderstandes herausgegriffen. Z.B. Staeger [2022] und http://tstaeger.de/4.html: In Minute 9:20 wird die stärkere Erwärmung der Arktis mit besonderen Bedingungen in der Arktis begründet, in der Minute 10:11 wird von Blockierung von Tiefs durch Änderung des Jetstreams begründet - aber die Erklärung fehlt, wie diese Erscheinungen mit der Zunahme der Treibhausgase zusammen hängen. Dabei soll als Erklärung reichen, dass Modellrechnungen das zeigen.

4.3. Berechnung der konvektionsfreien Oberflächentemperatur

Bei Änderung der Treibhauskonzentration ändern sich viele Klimawerte (Oberflächentemperatur, Tropopausentemperatur, Tropopausendruck - siehe Abschnitt 4.3.1 auf Seite 20) und andere (Oberflächendruck, Temperaturgradient in der Troposphäre) bleiben fast konstant. Zwischen der Konzentration der Treibhausgase und den Klimawerten bestehen keine direkten Beziehungen. Mit den Gleichungen (4.17 auf Seite 26) und (4.20 auf Seite 27) sind nach den Zwischenrechnungen die gesuchten Werte zu berechnen.

Es müssen also viele bekannte Beziehungen verwendet werden, um zu den gesuchten Aussagen zu kommen.

Zur Berechnung werden die Standardatmosphäre[1] (USA [2020]) und deren Temperaturverlauf in der Troposphäre benutzt, der von der folgenden Gleichung[2] aus Wikipedia [2020b] oder LUMITOS [2021] beschrieben wird:

$$h(p) = \frac{288{,}15 \text{ K}}{0{,}0065 \frac{\text{K}}{\text{m}}} \cdot \left[1 - \left(\frac{p}{1013{,}25 \text{ hPa}} \right)^{\frac{1}{5{,}255}} \right] \tag{4.1}$$

---

[1] In der Luftfahrt bewährte Werte der Durchschnittstemperaturen.

[2] Lösung der Dgl.-Gleichung (4.14 auf Seite 25) mit der gemessenen höhenabhängigen Temperatur (konstanter Temperaturgradient).

Gesucht wird die Temperaturzunahme an der Oberfläche in Abhängigkeit von der Druckänderung dT/dp an der Tropopause, da dort (wie bereits erwähnt) die Konvektion noch vernachlässigbar ist. Zur weiteren Auswertung wird die Kettenregel der Differentialrechnung benutzt:

$$\frac{dT}{dp} = \frac{dT}{dh} \cdot \frac{dh}{dp} \tag{4.2}$$

Als Daten werden die Werte von Wetterdienst [2020] benutzt, die auch in Gleichung (4.1 auf der vorherigen Seite) eingegangen sind:

$$
\begin{aligned}
T_0 &= 288{,}15\,\text{K} & T_T &= T(Tropop.) = 216{,}65\,\text{K} \\
\frac{dT}{dh} &= a = -\,0{,}0065\,\tfrac{\text{K}}{\text{m}} & h &= 11\,000\,\text{m} \\
p_0 &= 1013{,}25\,\text{hPa} & p_T &= p(Tropop.) = 226{,}32\,\text{hPa}
\end{aligned} \tag{4.3}
$$

Aus diesen Größen folgt mit der universellen Gaskonstante R auch der Exponent:

$$\frac{Mg}{Ra} = 5{,}255 \tag{4.4}$$

Für dh/dp wird Gleichung (4.1 auf der vorherigen Seite) differenziert:

$$\frac{dh}{dp} = -\frac{288{,}15\,\text{K}}{0{,}0065\,\tfrac{\text{K}}{\text{m}}} \cdot \left(\frac{p}{1013{,}25\,\text{hPa}}\right)^{\frac{1}{5{,}255}-1} \cdot \frac{\frac{1}{5{,}255}}{1013{,}25\,\text{hPa}} \tag{4.5}$$

Aus Gleichungen (4.2), (4.3) und (4.5) folgt:

$$
\begin{aligned}
\frac{dT}{dp} &= 0{,}0065\,\frac{\text{K}}{\text{m}} \cdot \frac{288{,}15\,\text{K}}{0{,}0065\,\tfrac{\text{K}}{\text{m}}} \cdot \left(\frac{p}{1013{,}25\,\text{hPa}}\right)^{\frac{1}{5{,}255}-1} \cdot \frac{\frac{1}{5{,}255}}{1013{,}25\,\text{hPa}} \\[2mm]
&= \frac{1}{5{,}255} \cdot \frac{288{,}15\,\text{K}}{1013{,}25\,\text{hPa}} \cdot \left(\frac{p}{1013{,}25\,\text{hPa}}\right)^{\frac{1}{5{,}255}-1} \\[2mm]
&= \frac{54{,}83\,\text{K}}{1013{,}25\,\text{hPa}} \cdot \left(\frac{p}{1013{,}25\,\text{hPa}}\right)^{-0{,}810} \\[2mm]
&= 0{,}05411\,\frac{\text{K}}{\text{hPa}} \cdot \left(\frac{p}{1013{,}25\,\text{hPa}}\right)^{-0{,}810} \tag{4.6}
\end{aligned}
$$

Mit dem Tropopausendruck [siehe Gleichung (4.3 auf der vorherigen Seite)] wird:

$$\left.\frac{dT}{dp}\right|_{Tropopause} = 0{,}05411\,\frac{\mathrm{K}}{\mathrm{hPa}} \cdot \left(\frac{226{,}32\,\mathrm{hPa}}{1013{,}25\,\mathrm{hPa}}\right)^{-0{,}810}$$

$$= 0{,}05411\,\frac{\mathrm{K}}{\mathrm{hPa}} \cdot 3{,}367$$

$$= 0{,}1822\,\frac{\mathrm{K}}{\mathrm{hPa}} \tag{4.7}$$

Die Druckdifferenz zwischen Erdoberfläche und Tropopause ist [siehe Gleichung (4.3 auf der vorherigen Seite)] 786,93 hPa (= 1013,25 hPa - 226,32 hPa). Damit wäre die konvektionsfreie Temperaturdifferenz:

$$\Delta T = 0{,}1822\,\frac{\mathrm{K}}{\mathrm{hPa}} \cdot 786{,}93\,\mathrm{hPa} = 143{,}38\,\mathrm{K} \tag{4.8}$$

Die durch diese Berechnung ermittelte konvektionsfreie Temperaturdifferenz über den Troposphärendruckbereich ist mit 143,38 K erheblich größer als die reale Temperaturdifferenz in der konvektiven Troposphäre. Die geringere Differenz von 71,88 K ist Folge des unberücksichtigten Bypasses durch die Konvektion. Ohne Konvektion läge die Oberflächentemperatur also bei ca.

$$360{,}03\,\mathrm{K}\ [= 216{,}65\,\mathrm{K} + 143{,}38\,\mathrm{K}]. \tag{4.9}$$

liegen. Dazu sind noch zwei gegenläufige Einflussfaktoren zu berücksichtigen:
1. Eine höhere Oberflächentemperatur führt zu mehr Wärmeabgabe durch die Atmosphäre. Damit kann ein größerer Anteil der Gesamtwärme die Erde durch das so genannte atmosphärische Fenster verlassen, was die Oberflächentemperatur tendenziell wieder etwas sinken lässt.
2. Dem wirkt jedoch entgegen, dass ein anderes Treibhausgas, der Wasserdampf, in den unteren Schichten der Atmosphäre den Wärmetransport stärker behindert.

Ohne weitere Einflüsse (z. B. die Absorption der UV-Strahlung durch Sauerstoff, die zur Ozonschicht führt, wobei das Ozon ebenfalls absorbiert) wäre die Temperatur in der oberen Randschicht der Atmosphäre niedriger (Pierrehumbert [2011]), denn zu dem Tropopausendruck gehört nach Gleichung (4.7) eine Temperaturdifferenz von 41,24 K [$= 0{,}1822\,\frac{\mathrm{K}}{\mathrm{hPa}} \cdot 226{,}32\,\mathrm{hPa}$]. Die Temperatur am Oberrand der Atmosphäre wäre dann 175,31 K [= 216,65 K - 41,24 K].

4.3.1. Tropopause

Die Höhe der Tropopause ist eine sehr wichtige Größe für Wetter und Klima, da oberhalb und unterhalb der Tropopause ganz unterschiedliche Strömungsverhältnisse herrschen. Sehr schön ist das bei Amboßwolken zu sehen - siehe Bild 4.1 auf der nächsten Seite. Obwohl das schon seit Schwarzschild [1906] bekannt ist, hat der Autor den Eindruck, dass dieser Sachverhalt noch nicht ausreichend untersucht ist: Die Suche nach der Definition der Tropopause liefert zwar ähnliche, aber unterschiedliche Angaben [und auf die physikalische Begründung (Schwarzschild-Kriterium) wird dabei nicht eingegangen]:

Diagr. 4.1.: Eine Ambosswolke zeigt sehr schön den Unterschied im
Strömungsverhalten unter- und oberhalb der Tropopause:
aufsteigend in der Troposphäre, darüber kaum Strömung.
Feuermeister [2024]

WMO [2024], Ent [2024], NOA [2024], Def [2024], Ozo [2024]
Bei den meisten Angaben steht nur „ca.". Eine Mittelwertkurve wurde nicht
gefunden. Die tatsächlichen Verläufe weichen stark von einem theoretischem Verlauf
ab - Diagramm A.4 auf Seite 51. Auf die extreme Variabilität der Tropopause ist
in Diagramm A.5 auf Seite 51 hingewiesen.

4.4. Die Folgen der steigenden Treibhausgaskonzentration

Wenn die Treibhausgaskonzentration zunimmt, wird der Strahlungstransport stärker
behindert. Damit steigt die Oberflächentemperatur. Probleme bei der Berechnung
der erhöhten Oberflächentemperatur entstehen dadurch, dass die prozentuale Steigerung der verschiedenen Treibhausgase verschieden ist. Weitere Schwierigkeiten
bereitet die dadurch bedingte Änderung der Konvektion, die durch die Änderung
der Tropopausenhöhe verdeutlicht wird - siehe Diagramm 4.2 auf der nächsten Seite
und Abschnitt 4.5 auf Seite 24.
Eine gleichmäßige Verdopplung der Konzentration aller Treibhausgase
würde auch die Behinderung verdoppeln, d.h. statt $0{,}1822\,\mathrm{K/hPa}$ [siehe

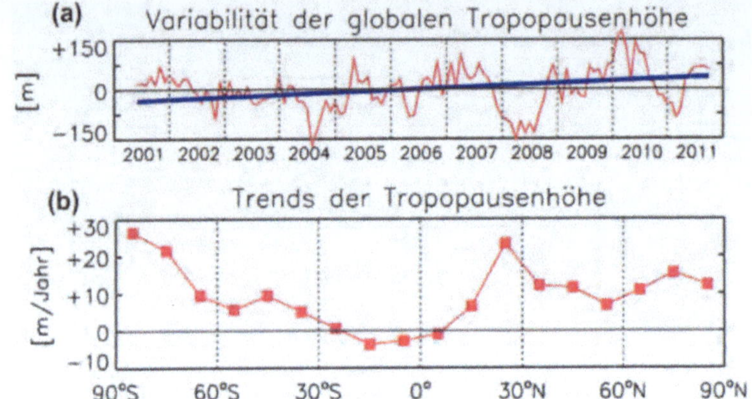

Diagr. 4.2.: Änderung der Tropopausenhöhe als Folge der Konzentrationsänderung der Treibhausgase Wickert et al. [2012]

Gleichung (4.7 auf Seite 20)] würde die Behinderung $0{,}3644\,\mathrm{K/hPa}$ sein. Von der Temperatur am oberen Rand der Atmosphäre würde die Oberflächentemperatur konvektionsfrei auf

$$544{,}53\,\mathrm{K} \; [= 175{,}31\,\mathrm{K} + 0{,}3644\,\mathrm{K/hPa} \cdot 1013{,}25\,\mathrm{hPa}] \tag{4.10}$$

steigen. Natürlich wirken auch hier die am Schluss des vorhergehenden Abschnitts aufgezählten Einflüsse auf die Temperatur.

Mit der zunehmenden Behinderung ändern sich nicht nur die Atmosphärentemperaturen, sondern auch die stratosphärischen Temperaturgradienten. Damit wird der kritische Temperaturgradient (der zum Umschlag vom strahlungsbedingten zum adiabatischen Gleichgewicht führt - Schwarzschild [1906]) in größerer Höhe erreicht, d.h. die Tropopausenhöhe steigt [siehe Diagramm 4.2]. Unterhalb der verschobenen Tropopause bleibt der Temperaturgradient natürlich auch feuchtadiabatisch - allerdings ist der Temperaturgradient nach Diagramm 4.5 auf Seite 26 in der Nähe der Tropopause wegen der niedrigen Temperatur (auskondensierter Wasserdampf) weitgehend trockenadiabatisch.

Es ist außerordentlich aufwändig, die veränderte Höhe der Tropopause auf Basis von globalen Klimamodellen (GCM - **g**eneral **c**irculation **m**odel) zu berechnen. Mit der Nutzung von Messergebnissen lässt sich die Berechnung vereinfachen - siehe Diagramm 4.3 auf der nächsten Seite. Dem Diagramm 4.2 zufolge ändert sich die Tropopausenhöhe mit dem Breitengrad. Am Äquator (0°) ist die Änderung klein und an den Polen (90°) groß. Das meteorologische Observatorium Hohenpeißenberg [2014] hat mit 47°48′5″N einen mittleren Breitengrad; die Ergebnisse für diesen Ort können daher als repräsentativ für den globalen Durchschnitt gelten.

Für das Diagramm 4.3 auf der nächsten Seite sind wenig gebräuchliche Koordinatenbeschriftungen gewählt worden.

Diese Wahl wurde getroffen, da sich die Auswirkungen des Anstiegs der Treibhausgaskonzentration (deren Anstieg zeitlich variieren kann und soll) auf diese Weise

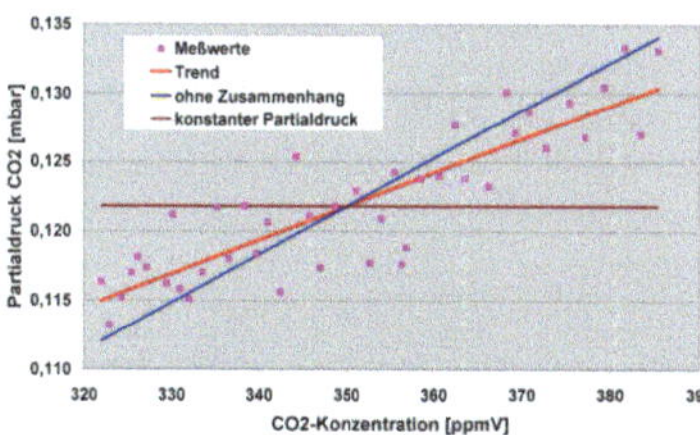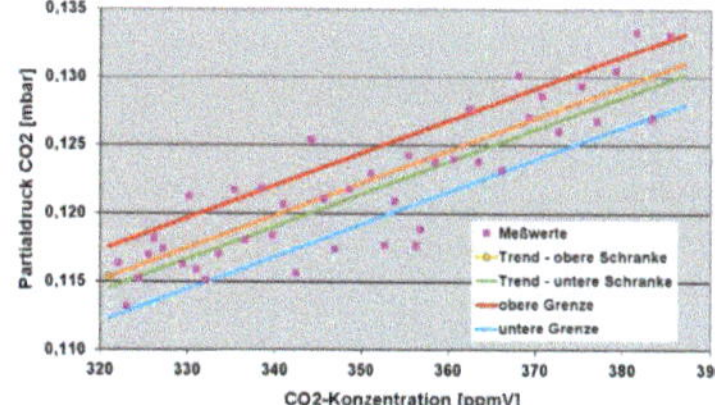

Diagr. 4.3.: Auswertung der 42-jährigen Meßwerte in
Hohenpeißenberg [2014]

am besten veranschaulichen und auswerten lassen. Dazu werden zunächst die jähr-
lichen Mittelwerte der CO_2-Konzentrationen und die daraus folgende CO_2-Menge
in der Stratosphäre (als Säulendruck) ermittelt und dann mit der Abzisse Konzentration und der Ordinate Säulendruck als Punkte in das Koordinatennetz einge-
tragen. Die möglichen Grenzen der CO_2-Menge in der Stratosphäre sind im linken
Bild als konstanter Wert (braune horizontale Linie) und konstante Konzentration
(dunkelblaue Linie) angegeben. Wie im linken Bild zu sehen ist, bewegt sich die
tatsächliche durchschnittliche CO_2-Menge (rote Linie) innerhalb dieser Grenzen.
Wie bei allen Wetter- und Klimaerscheinungen sind den Trendwerten chaotische
Änderungen überlagert[3] - diese sind im rechten Bild ausgewertet.

Die Messwerte lassen noch nicht auf Nichtlinearitäten schließen (siehe Text auf
Seite 27f und Diagramm 4.3). Daraus folgen begründete Annahmen: Vorausgesetzt,
dass die Konstanz des Temperaturgradienten in der Troposphäre und der Trend
der Tropopausenhöhe mindestens bis zur doppelten CO_2-Konzentration anhalten,
dann nimmt die Tropopausenhöhe entsprechend zu. *Damit steigt die Temperatur-*
differenz zwischen Oberfläche und Tropopause. Diese größere Differenz setzt sich
aus einer um ca. 3 K höheren Oberflächentemperatur und einem stärkeren Abfall
der Tropopausentemperatur zusammen, wodurch die Abstrahlung ins All nahezu
konstant bleibt - siehe [Karl et al., 2006, S. 9, Figure 2]. Konstanz ergibt sich, weil
eine signifikante Abweichung von der Konstanz zu einer Änderung der Temperaturen in Richtung Konstanz führt.

Grund für die unterschiedlichen Temperaturänderungen von Oberfläche und Tropopause sind die wellenlängenabhängigen Emissionslängen[4] der Treibhausgase, die
z.B. auch die atmosphärischen Fenster erklären (wo praktisch keine Beeinflussung
durch die Treibhausgase erfolgt). Mit der Änderung der Tropopausenhöhe sind
noch weitere Erscheinungen gut erklärbar. In Diagramm 4.2 auf der vorherigen
Seite ist im Äquatorbereich entgegen dem globalen Trend ein Absinken der Tropopause zu sehen. Wie ist das möglich? Das liegt am horizontalen Wärmetransport:
Durch die dickere Troposphäre wird der Wärmetransport vom Äquator zu den
Polen effektiver. Aufgrund des Wechselspiels zwischen mehr Behinderung durch
höhere Treibhauskonzentration und Stärke der Wärmeströme wird die horizontale
Verteilung der vertikalen Wärmeströme verändert. In Gebieten mit niedrigerem

---

[3] infolge Wolken, Wind, Albedoänderung, Eis usw.

[4] Emissionslänge: Es kommen immer weniger emittierte Photonen am Beobachtungsort an, je weiter der Beobachtungsort vom Emissionsort entfernt ist, weil
immer mehr emittierte Photonen schon absorbiert wurden.

vertikalen Wärmestrom (Äquator) sinkt die Tropopause, in Gebieten mit höherem vertikalen Wärmestrom (Polbereich) steigt sie - dadurch sinkt die Temperaturdifferenz zwischen Äquator und Polen. Die abnehmende Temperaturdifferenz zwischen Äquator und Polen verlangsamt die Winde, so dass Wetterlagen im Durchschnitt länger stabil bleiben (= Persistenz; siehe Pfleiderer et al. [2019]). Weitere Folgen sind die Änderungen der Bewölkung und der Eisbedeckung als Folge der Temperaturänderung. Damit verbunden sind auch Änderungen der Albedo (des Rückstrahlvermögens von Oberflächen), was die Gefahr von Kipppunkten wachsen lässt.

Die veränderten Temperatur- und Luftströmungsverhältnisse legen folgende physikalisch bedingte Spekulationen zur Niederschlagsverteilung im Mittel nahe:

> Die erhöhte Oberflächentemperatur bei Verdunstungsflächen hätte prinzipiell eine erhöhte Verdunstungsrate zur Folge. Aber:
>
> 1. Die stark feuchtehaltige Luft über einer Verdunstungsfläche wird nicht schnell durch trockenere Luft ersetzt. Das führt zu einer geringeren effektiven Verdunstung.
> 2. Die feuchtehaltige Luft über einer Verdunstungsfläche führt schon nahe der Verdunstungsfläche zu Wolkenbildung und Niederschlägen.
>
> Beides führt in küstenfernen Landflächen zu weniger Niederschlag (Dürregefahr!), kann aber auch küstennah zu erhöhtem Niederschlag führen (Überschwemmungsgefahr!).

Da alle Eismengen schon jetzt in der Troposphäre liegen, hat die niedrigere Temperatur der Tropopause kaum Auswirkungen und die Temperatur steigt überall beim Eis an - das führt zum verstärkten Schmelzen und damit zum Ansteigen des Meeresspiegels. Wird das Ansteigen des Meeresspiegels nicht durch Änderungen der Erdkruste kompensiert, können niedrig gelegene Landflächen unbewohnbar werden. Siehe z.B. Vanuatu Esswein and Zernack [2020].

4.5. Berechnung der veränderten Tropopausenhöhe

Bei erhöhter Treibhausgaskonzentration verschiebt sich die Tropopause[5] dorthin, wo der Temperaturgradient den kritischen adiabatischen Temperaturgradienten (dT/dh - Schwarzschild [1906]) erreicht[6]. Zur weiteren Auswertung hilft auch hier wieder die Kettenregel der Differentialrechnung:

$$\frac{dT}{dh} = \frac{dT}{dp} \cdot \frac{dp}{dh} \tag{4.11}$$

---

[5] Aus messtechnischen Gründen gibt es mehrere Tropopausendefinitionen, die aber eng beieinander liegen. Da aber immer die gleichen Messverfahren angewendet werden, spielt es für die Verschiebung keine Rolle, welche Definition zugrunde liegt. Sprenger and Wernli [2010], Highwood and Hoskins [1998] - siehe auch Seite 6

[6] Dabei verschiebt sich die Temperaturkurve in der Troposphäre weitgehend parallel - Diagramm 4.4 auf der nächsten Seite

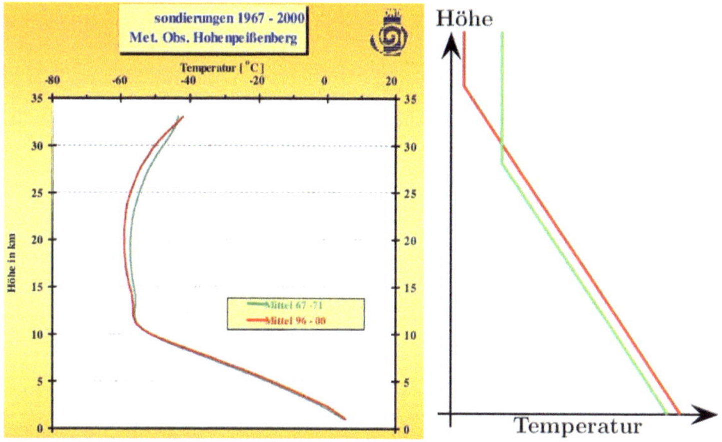

Diagr. 4.4.: **Links:** Temperaturveränderungen in der Troposphäre im Laufe der Zeit (Aus [Mayer and Matzarakis, 2003, S. 5]) - bearbeitet; Ozonkurve entfernt
Rechts: idealisiert

Der Faktor dp/dh wird auch durch die Luftdichte[7] (ϱ) bestimmt (g ist die Erdbeschleunigung). Dafür gilt (Wikipedia [2020b]):

$$\frac{\mathrm{d}p}{\mathrm{d}h} = -\varrho g \tag{4.12}$$

Für ϱ gilt die allgemeine Gasgleichung (Wikipedia [2020b]):

$$\varrho = \frac{pM}{RT} \tag{4.13}$$

Aus den Gleichungen (4.12) und (4.13) folgt:

$$\frac{\mathrm{d}p}{\mathrm{d}h} = -\frac{pMg}{RT} \tag{4.14}$$

Aus den Gleichungen (4.11 auf der vorherigen Seite) und (4.14) folgt:

$$\frac{dT}{dh} = -\frac{dT}{dp} \cdot \frac{pMg}{RT} = -\frac{Mg}{R} \cdot \frac{dT}{dp} \cdot \frac{p}{T} \tag{4.15}$$

Mg/R ist nur stoffabhängig und deswegen auch bei größerer Treibhausgaskonzentration konstant (erste Konstante). dT/dh hat auch bei der verschobenen Tropopause weitgehend den gleichen Wert wie bei der nichtverschobenen Tropopause [(zweite Konstante) - wenngleich dT/dh bei niedrigerer Temperatur wegen des abnehmenden

---

[7] Der Luftdruck in einer bestimmten Höhe wird durch das Gewicht der darüber liegenden Luftsäule bestimmt. Ein Schichtzuwachs führt deshalb zu einem Druckzuwachs.

4. Untersuchungen der Auswirkung ...

Wasserdampfgehaltes etwas zunehmen dürfte (siehe Diagramm 4.5), auch ändert sich die (Planck-)Wellenlängenverteilung der Wärme wegen der Temperaturänderung]. Um die Gleichungsbedingung zu erfüllen, muß wegen der beiden Konstanten auch $dT/dp \cdot p/T$ eine Konstante sein. Mit zunehmender Treibhausgaskonzentration steigt der Ausbreitungswiderstand für die Strahlung dT/dp - hier ausgedrückt durch einen Faktor β:

$$\frac{dT}{dp} \to \beta \frac{dT}{dp} \tag{4.16}$$

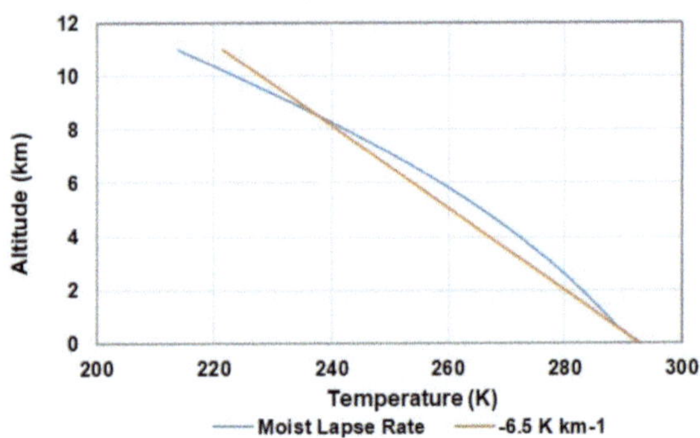

Diagr. 4.5.: Änderung der Temperatur mit der Höhe (Kurvensteigung = Temperaturgradient: blaue Kurve mehr horizontal = steigender Temperaturgradient), aus [Schildknecht, 2020, Fig. A6.].

Dieser zunehmende Ausbreitungswiderstand muß an der Tropopause durch abnehmendes p/T kompensiert werden:

$$\beta \frac{dT}{dp} \cdot \frac{p_T}{T_T} = const \tag{4.17}$$

Die Tropopausentemperatur T_T hängt natürlich vom Tropopausendruck p_T und der Oberflächentemperatur T_O ab. Aus Gleichung (4.1 auf Seite 18) folgt mit der Oberflächentemperatur $T_O = 288{,}15$ K ohne geänderte Treibhausgaskonzentration:

$$T_T = 288{,}15 \text{ K} \cdot \left(\frac{p_T}{1013{,}25 \, \text{hPa}} \right)^{\frac{1}{5{,}255}} \tag{4.18}$$

Mit $p_T = 226{,}32$ hPa wird $T_T = 216{,}64$ K, die Abweichung zu Gleichung (4.3 auf Seite 19) (216,65 K) folgt aus Rechenrundungen.

Bei erhöhter Treibhauskonzentration steigt die Tropopausenhöhe, hier ausgedrückt als Änderung von p_T auf p_T^*. Damit verbunden ist eine Erhöhung der Oberflächentemperatur um Δ und ein Absinken der Tropopausentemperatur um ein

26

Mehrfaches[8] (hier durch α ausgedrückt[9]: α um 3 bis 4) - siehe
[Karl et al., 2006, S. 9, Figure 2][10][11]:

$$T_T - \alpha\Delta = (T_O + \Delta) \cdot \left(\frac{p_T^*}{1013{,}25\,\text{hPa}} \right)^{\frac{1}{5{,}255}} \tag{4.19}$$

Zur weiteren Berechnung wird Gleichung (4.19) umgestellt:

$$\left(\frac{T_T - \alpha\Delta}{T_O + \Delta} \right)^{5{,}255} \cdot 1013{,}25\,\text{hPa} = p_T^* \tag{4.20}$$

Die Erhöhung des Strahlungswiderstandes infolge erhöhter Treibhausgaskonzentration wird mit dem genannten Faktor β[12][13] ausgedrückt [siehe Gleichung (4.16 auf der vorherigen Seite)]. Die Gleichungen (4.17 auf der vorherigen Seite) und (4.20) können durch Iteration gemeinsam für beliebige α und β gelöst werden. Die Lösungen sind in Tabelle G.1 auf Seite 91 angegeben mit den daraus folgenden Werten für ΔT_O (Änderung der Oberflächentemperatur), ΔT_T (Änderung der Tropopausentemperatur), T_O (neue Oberflächentemperatur), T_T (neue Tropopausentemperatur), Δh (Änderung der Tropopausenhöhe), p_T (neuer Tropopausendruck). Die Lösungen sind in Diagramm 4.6 auf der nächsten Seite graphisch dargestellt.

Der gesamte Strahlungswiderstand aller Treibhausgase setzt sich aus den Strahlungswiderständen der einzelnen Treibhausgase zusammen. Wenn sich nur eine einzelne Treibhausgaskonzentration verdoppelt (z.B. CO_2), erhöht sich deshalb β nicht auf das Doppelte, sondern deutlich weniger. Nach dem Trend von Diagramm 4.3 auf Seite 23 ist nach Diagramm 4.6 auf der nächsten Seite für β ein Wert von ca. 1,4 für die CO_2-Verdopplung statt 2 anzunehmen. 2 wäre korrekt, wenn CO_2 das alleinige Treibhausgas wäre. Das kleine 0,4 ($= 1.4 - 1$) erklärt auch in Diagramm 4.3 auf Seite 23 die Lage der roten Linie zwischen der braunen und blauen Linie und die geringe, kaum erkennbare Nichtlinearität.

---

[8] Teilweise bezeichnet als «stratosphärische Kompensation» (Institut für Atmosphären- und Umweltforschung [2018])

[9] Dieses Verhältnis bestimmt sich so, daß entsprechend den Absorptionskurven die Gesamtemission der Erde etwa gleich der Gesamtabsorption der Solarstrahlung ist.

[10] Auch in [AR6, 2024, Table 2.5, p. 329 (346)] sind Angaben zu finden, obwohl nicht die Bodentemperaturen, sondern die Temperaturen der unteren Troposphäre angegeben sind. Verwendet werden die Average:

Jahre	α
Trend 1960–2019	1,26
Trend 1980–2019	1,39
Trend 2000–2019	4,7

[11] [AR6, 2024, Figure 2.12] hat einen Mangel: der Höhe über der Oberfläche (links) sind Drücke (rechts) zugeordnet. Aber durch die Ausdehnung der Atmosphäre (Temperatur) verändert sich die Zuordnung Höhe und Druck - siehe Seite 33.

[12] Siehe Zeile über Gleichung (4.16 auf der vorherigen Seite)

[13] Die Faktoren α und β können mit HITRAN [2017] berechnet werden.

Weitere Anmerkungen zum Trend (siehe Diagramm 4.6):

- In dem Bereich, der jetzt von der Zunahme der Treibhauskonzentrationen betroffen ist, ist kaum Nichtlinearität (z.B. «ln») zu sehen. Das unterstreicht die Bemerkung zu Diagramm 4.3 auf Seite 23 (β ist noch klein gegen 1.4). Gegenwärtig dürfte β bei etwa 1.1 liegen.
- Einem Trend sind meist zufällige Abweichungen überlagert (siehe Diagramm 4.3 auf Seite 23), die von einer Trendberechnung natürlich nicht erfasst werden.
- Auch die Abhängigkeiten der Trends von der geographischen Breite sind nicht dargestellt.

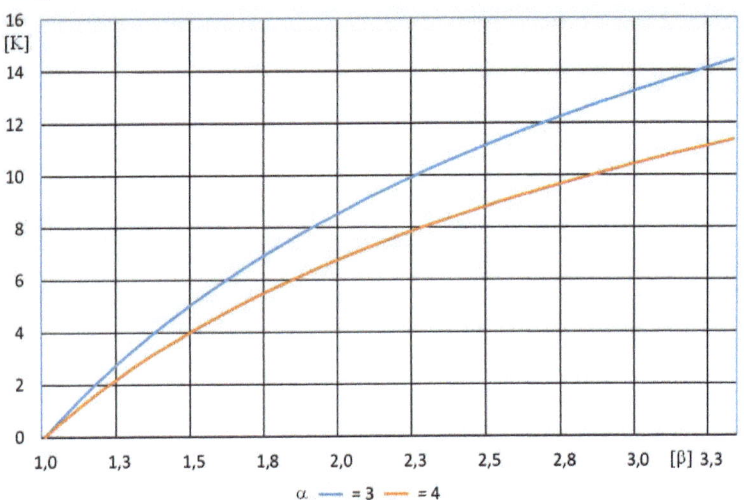

Diagr. 4.6.: Oberflächentemperaturänderung [in K] als Funktion der Erhöhung des Strahlungswiderstandes (β) und der Wirkung der Stratosphäre (α)

4.6. Der Einfluss des Wasserdampfes

4.6.1. Berechnung einer Zwischengröße

Eine sehr wichtige Komponente im Klimasystem ist der Wasserdampf. Deswegen wird sein Einfluss hier genauer untersucht.

Ohne Wasserdampf[14] kann man davon ausgehen, daß in einem großen

---

[14] Sogar mit Wasserdampf ohne Kondensation (Wolken) ist das festzustellen [Rödel and Wagner, 2011, S. 75]:

> Einsetzen dieser Zahlen zeigt, daß der Betrag der adiabatischen Temperaturänderung unter diesen Bedingungen gerade um 0,86% niedriger ist als der des streng trocken-adiabatischen Gradienten. Solange keine Kondensation eintritt, bleibt der Einfluß der Luftfeuchtigkeit auf die Temperatur also tatsächlich klein.

Bereich um die Tropopause der Ausbreitungswiderstand dT/dp konstant ist. Damit wird:

$$T = T_T + \frac{dT}{dp}(p - p_T) \tag{4.21}$$

Mit den Werten von Gleichungen (4.3 auf Seite 19) und (4.7 auf Seite 20) wird aus Gleichung (4.21)

$$\begin{aligned} T &= 216{,}65\,\mathrm{K} + 0{,}1822\,\frac{\mathrm{K}}{\mathrm{hPa}}(p - 226{,}32\,\mathrm{hPa}) \\ &= 216{,}65\,\mathrm{K} - 0{,}1822\,\frac{\mathrm{K}}{\mathrm{hPa}} * 226{,}32\,\mathrm{hPa} + p * 0{,}1822\,\frac{\mathrm{K}}{\mathrm{hPa}} \\ &= 175{,}41\,\mathrm{K} + p * 0{,}1822\,\frac{\mathrm{K}}{\mathrm{hPa}} \end{aligned} \tag{4.22}$$

Oder umgestellt:

$$p = \frac{T - 175{,}41\,\mathrm{K}}{0{,}1822\,\dfrac{\mathrm{K}}{\mathrm{hPa}}} \tag{4.23}$$

Um dT/dh zu bestimmen, wird auf Gleichung (4.15 auf Seite 25) verwiesen und auch Gleichung (4.22) benutzt:

$$\begin{aligned} \frac{dT}{dh} &= \frac{dT}{dp} \cdot \frac{pMg}{RT} = \underbrace{\frac{dT}{dp} \cdot \frac{Mg}{R}}_{konstant} \cdot \frac{p}{T} = K_T \cdot \frac{p}{T} \\ &= K_T \cdot \frac{p}{175{,}41\,\mathrm{K} + p * 0{,}1822\,\dfrac{\mathrm{K}}{\mathrm{hPa}}} \end{aligned} \tag{4.24}$$

Mit Wasserdampf wird K_T aus Gleichungen (4.22) und (4.3 auf Seite 19):

$$\begin{aligned} K_T &= \frac{dT}{dh} \cdot \frac{T}{p} = -0{,}0065\,\frac{\mathrm{K}}{\mathrm{m}} * \frac{216{,}65\,\mathrm{K}}{226{,}32\,\mathrm{hPa}} \\ &= -0{,}0062\,\frac{\mathrm{K}^2}{\mathrm{m\,hPa}} \end{aligned} \tag{4.25}$$

Diese Größe wird als Zwischengröße für weitere Rechnungen gebraucht.

4.6.2. Temperaturhöhenverlauf der ungeheizten Stratosphäre

Auch wenn von diesem Zusammenhang in diesem Artikel kein weiterer Gebrauch gemacht wird, soll er doch genannt werden, um ein tieferes Verständnis des Temperaturverlaufs in der gesamten Atmosphäre zu gewinnen.

Mit Gleichungen (4.24 auf der vorherigen Seite) und (4.23 auf der vorherigen Seite) entsteht eine Differentialgleichung für T:

$$\frac{dT}{dh} = K_T \cdot \frac{p}{T} = K_T \cdot \frac{T - 175{,}41\,\mathrm{K}}{T * 0{,}1822\,\dfrac{\mathrm{K}}{\mathrm{hPa}}}$$

$$= \frac{K_T}{0{,}1822\,\dfrac{\mathrm{K}}{\mathrm{hPa}}} - \frac{K_T * 175{,}41\,\mathrm{K}}{T * 0{,}1822\,\dfrac{\mathrm{K}}{\mathrm{hPa}}} \tag{4.26}$$

Mit Gleichung (4.25 auf der vorherigen Seite) wird aus Gleichung (4.26):

$$\frac{dT}{dh} = \frac{K_T}{0{,}1822\,\dfrac{\mathrm{K}}{\mathrm{hPa}}} - \frac{K_T * 175{,}41\,\mathrm{K}}{T * 0{,}1822\,\dfrac{\mathrm{K}}{\mathrm{hPa}}}$$

$$= -0{,}034\,\frac{\mathrm{K}}{\mathrm{m}} + \frac{5{,}969\,\dfrac{\mathrm{K}^2}{\mathrm{m}}}{T} \tag{4.27}$$

Zur Lösung wird Gleichung (4.27) umgestellt:

$$\frac{T\,dT}{-0{,}034\,\dfrac{\mathrm{K}}{\mathrm{m}} * T + 5{,}969\,\dfrac{\mathrm{K}^2}{\mathrm{m}}} = dh \tag{4.28}$$

Eine spätere numerische Rechnung wird erleichtert, wenn der Nenner dimensionslos ist. Damit wird aus Gleichung (4.28):

$$-\frac{T\,dT}{0{,}0057\,\dfrac{T}{\mathrm{K}} - 1} = 5{,}969\,\frac{\mathrm{K}^2}{\mathrm{m}}\,dh \tag{4.29}$$

Zur Lösung einer Differentialgleichung gehört eine Integrationskonstante. Bei Gleichung (4.29) nennen wir sie h_C:

$$5{,}969\,\frac{\mathrm{K}^2}{\mathrm{m}} * (h - h_C) = -\frac{\ln\left(0{,}0057\,\dfrac{T}{\mathrm{K}} - 1\right)}{\left(\dfrac{0{.}0057}{\mathrm{K}}\right)^2} - \frac{T * K}{0{.}0057} \tag{4.30}$$

Umgestellt wird daraus:

$$h = h_C - 5156\,\mathrm{m} * \ln\left(0{,}0057\,\frac{T}{\mathrm{K}} - 1\right) - 29{,}39\,\mathrm{m} * \frac{T}{\mathrm{K}}$$

$$= h_C - 5156\,\mathrm{m} * \ln\left(\frac{T}{175{,}4\,\mathrm{K}} - 1\right) - 29{,}39\,\mathrm{m} * \frac{T}{\mathrm{K}} \tag{4.31}$$

Die Gleichung ist nur anwendbar für $T > 175{,}4\,\mathrm{K}$, da sonst der Logarithmus von einem negativen Wert zu bilden wäre.

Die Integrationskonstante h_C wird durch die Daten von Gleichung (4.3 auf Seite 19) bestimmt ($h_C = 9898\,\mathrm{m}$). Daraus folgt:

$$h = 9898\,\mathrm{m} - 5156\,\mathrm{m} * \ln\left(\frac{T}{175{,}4\,\mathrm{K}} - 1\right) - 29{,}39\,\mathrm{m} * \frac{T}{\mathrm{K}} \tag{4.32}$$

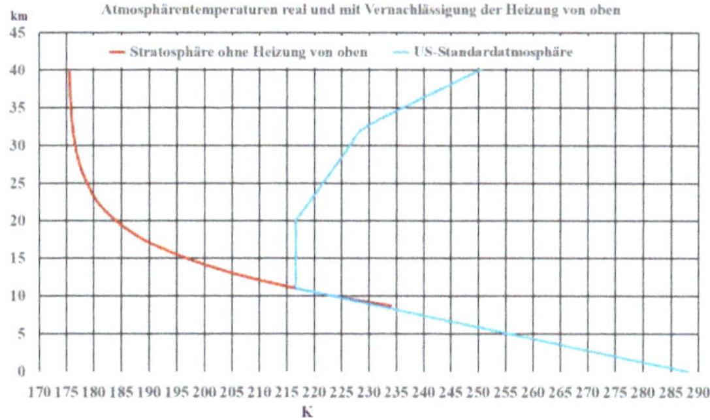

Diagr. 4.7.: Temperaturen der Stratosphäre. Da die Heizung weggelassen wurde, ist keine Ozonschicht bemerkbar.

Hier wird die Höhe als Funktion der Temperatur angegeben - siehe Bild 4.7. Gebraucht wird eigentlich die Temperatur als Funktion der Höhe. Aber die Inverse der Gleichung (4.32 auf der vorherigen Seite) ist mathematisch nicht zu bilden.

In Bild 4.7 ist nicht nur Gleichung (4.32 auf der vorherigen Seite) ausgewertet, sondern auch die US-Standardatmosphäre USA [2020] zum Vergleich dargestellt.

Die Übereinstimmung im Tropopausenbereich ergibt sich aus den Ansätzen. Aber bemerkenswert ist, dass die Verlängerung von Gleichung (4.32 auf der vorherigen Seite) unterhalb der Tropopause gemäß dem Schwarzschild [1906]-Kriterium über dem troposphärischen adiabatischen Temperaturverlauf verläuft, es aber oberhalb der Tropopause umgekehrt ist.

4.6.3. Oberflächentemperaturen

Ohne Wasserdampf ist statt des feuchtadiabatischen Temperaturgradienten (dT/dh) von 6,5 K/km der trockenadiabatische Temperaturgradient von 9,8 K/km anzunehmen. Um den dazugehörigen hypothetischen Tropopausendruck zu bestimmen, wird zuerst Gleichung (4.24 auf Seite 29) umgestellt (K_T wurde aus der Lage der Tropopause mit wasserdampfhaltiger Troposphäre berechnet, ist aber unabhängig vom Wasserdampf):

$$\frac{dT}{dh}\left(175{,}41\,\text{K} + p * 0{,}1822\,\frac{\text{K}}{\text{hPa}}\right) = K_T \cdot p$$

$$\rightarrow$$

$$\frac{\frac{dT}{dh} * 175{,}41\,\text{K}}{K_T - \frac{dT}{dh} * 0{,}1822\,\frac{\text{K}}{\text{hPa}}} = p \tag{4.33}$$

31

4. Untersuchungen der Auswirkung ...

Die Werte eingesetzt, ergibt sich:

$$p_T = \frac{-0{,}0098\,\frac{\mathrm{K}}{\mathrm{m}} * 175{,}41\,\mathrm{K}}{-0{,}0062\,\frac{\mathrm{K}^2}{\mathrm{m\,hPa}} + 0{,}0098\,\frac{\mathrm{K}}{\mathrm{m}} * 0{,}1822\,\frac{\mathrm{K}}{\mathrm{hPa}}} \tag{4.34}$$
$$= 389{,}4\,\mathrm{hPa}$$

Mit Gleichung (4.22 auf Seite 29) wird die Tropopausentemperatur

$$T_T = 175{,}41\,\mathrm{K} + 389{,}4\,\mathrm{hPa} * 0{,}1822\,\frac{\mathrm{K}}{\mathrm{hPa}} \tag{4.35}$$
$$= 246{,}36\,\mathrm{K}$$

Mit den beiden Drücken (Oberflächendruck $p_0 = 1013{,}25\,\mathrm{hPa}$ und p_T) und der Tropopausentemperatur T_T können die fehlenden Größen h und T_O ausgerechnet werden. Dazu wird wieder die Gleichung aus Wikipedia [2020b] nach Modifikation benutzt:

$$p(h_1) = p(h_0)\left(1 - \frac{a\Delta h}{T_O}\right)^{\frac{Mg}{Ra}} \tag{4.36}$$

Gleichung (4.36) wird besonders einfach, wenn h_0 die Erdoberfläche ist. Dann ist $h_0 = 0$ und die Oberflächentemperatur T_O:

$$p(h) = p_O\left(1 - \frac{ah}{T_O}\right)^{\frac{Mg}{Ra}} \tag{4.37}$$

Für die Verhältnisse der Atmosphäre ist der Druck bei h_0 der Oberflächendruck p_O und der Druck bei h_1 der Tropopausendruck p_T.

$$p_T = p_O\left(1 - \frac{ah_T}{T_O}\right)^{\frac{Mg}{Ra}} \tag{4.38}$$

h_T ist der Höhenunterschied zwischen der Tropopause und der Oberfläche. Bei einem konstanten (näherungsweise durchschnittlichen) Temperaturgradienten ist demzufolge ah_T die Temperaturdifferenz zwischen Tropopausentemperatur T_T und Oberflächentemperatur:

$$p_T = p_O\left(1 - \frac{T_O - T_T}{T_O}\right)^{\frac{Mg}{Ra}} = p_O\left(1 - 1 + \frac{T_T}{T_O}\right)^{\frac{Mg}{Ra}} = p_O\left(\frac{T_T}{T_O}\right)^{\frac{Mg}{Ra}} \tag{4.39}$$

Für das Weitere wird auch der Exponent zu einer Größe i zusammengefasst. Da in der Atmosphäre der Wasserdampfgehalt höhenabhängig ist, ist das a im Exponenten höhenabhängig (siehe Diagramm 4.5 auf Seite 26:

$$i = \frac{Mg}{Ra} = \begin{cases} 5.255 & \text{bei feuchtadiabatischen Gradienten} \quad \left(a = 6{,}5\,\frac{\mathrm{K}}{\mathrm{km}}\right) \\[1em] \quad\vdots & \\[1em] 3.48 & \text{bei trockenadiabatischen Gradienten} \quad \left(a = 9{,}8\,\frac{\mathrm{K}}{\mathrm{km}}\right) \end{cases} \tag{4.40}$$

Mit den Gleichungen (4.39) und (4.40) wird:

$$p_T = p_O\left(\frac{T_T}{T_O}\right)^{i} \tag{4.41}$$

Wegen des trockenadiabatischen Gradienten wird mit den Gleichungen (4.41 auf der vorherigen Seite) und (4.40 auf der vorherigen Seite) die Oberflächentemperatur T_O:

$$389{,}4 \, \mathrm{hPa} = 1013{,}25 \, \mathrm{hPa} \left(\frac{246{,}36 \, \mathrm{K}}{T_O} \right)^{3.48} \quad \rightarrow \quad T_O = 324{,}28 \, \mathrm{K} \qquad (4.42)$$

Wegen der Temperaturdifferenz von $77{,}92 \, \mathrm{K}$ (= $324{,}28 \, \mathrm{K}$ - $246{,}36 \, \mathrm{K}$) folgt aus dem trockenadiabatischen Temperaturgradienten $a = 9{,}8 \, \mathrm{K/km}$ eine Tropopausenhöhe von $7{,}95 \, \mathrm{km}$.

4.7. Änderung der Oberflächentemperatur

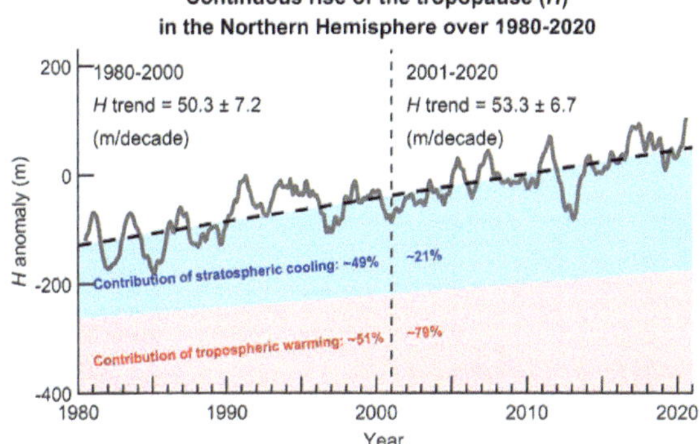

Diagr. 4.8.: Höhenänderung Tropopause aus Pichler [2021]

Wenn sich die Oberfläche erwärmt, werden auch die Luftschichten darüber erwärmt und dehnen sich aus. Dieser Sachverhalt ist mit der Gleichung (4.37 auf der vorherigen Seite) gut zu beschreiben, wenn man h/T_O für jede Luftschicht bei Änderung von T_O als Invariante betrachtet und die übrigen Größen konstant blieben. Das bedeutet im Diagramm 4.4 auf Seite 25 eine parallele Verschiebung des Temperaturgradienten nach oben.

Die alte Tropopause würde durch die Ausdehnung der alten Troposphäre nach oben verschoben, ist dann aber nicht mehr Tropopause, sondern gewöhnlicher Bestandteil der neuen Troposphäre - höher und mit höherer Temperatur als die alte Tropopause. Aber die stärkere Konvektion und der stärkere Strahlungsfluß (höhere Temperaturgradienten - Schwarzschild-Kriterium) lassen eben eine neue Tropopause entstehen, die höher und kälter ist.

Wenn man das Schwarzschild-Kriterium nicht einbezieht, so kommt folgende Beschreibung der Tropopause zustande (Pichler [2021]):

Indem sich die Troposphäre erwärmt, dehnt sie sich aus und schiebt damit die Grenze zur Stratosphäre nach oben. Gleichzeitig zieht sich

> die Stratosphäre durch ihre Abkühlung zusammen, was den Anstieg
> der Tropopause zusätzlich fördert.

Diese Sicht wird durch Diagramm 4.8 auf der vorherigen Seite untermauert, obwohl darin Ursache und Wirkung vertauscht sind. Die Ausdehnung der Troposphäre ist richtig beschreiben, aber wie soll sich die Abkühlung auswirken[15]? Richtig ist, dass die Höhenverlagerung der Tropopause mit ihrer Abkühlung verbunden ist (Diagramm 4.4 auf Seite 25).

Welche Rolle spielt die Stratosphärentemperatur? Der Strahlungstransport in Verbindung mit dem Strahlungstransportwiderstand führt zu einem Temperaturgradienten - nicht zu einer Temperatur. Die Temperatur wird dadurch bestimmt, daß zumindest ein Fixpunkt besteht, der die Temperatur bestimmt. Bei einer Hauswand kann man im Inneren nur einen Temperaturgradienten bestimmen, die Fixpunkte sind die Innen- und Außentemperatur - allerdings bestimmen die Fixpunkte in Verbindung mit dem Wärmetransportwiderstand auch die Größe des Wärmestroms. Bei der Atmosphäre ist die Stärke des Wärmestroms durch die absorbierte Solarstrahlung bestimmt. Dafür existiert aber nur ein Fixpunkt - nämlich die Temperatur der Tropopause.

Dass die Tropopause der Fußpunkt (Fixpunkt) der Stratosphäre ist, hat zur Folge, dass die niedrigere Fußpunkttemperatur die gesamte Stratosphäre abkühlt. Insofern kann in Diagramm 4.8 auf der vorherigen Seite nicht stimmen, dass ein Teil der Abkühlung der Tropopause Folge der Abkühlung der Stratosphäre ist. Wenn Erwärmung und Abkühlung verschiedene Ursachen haben sollen, dann werden verschiedene Ursachen die Grenze zwischen Erwärmung und Abkühlung nicht so gleichmäßig verschieben.

4.8. Zusammenfassung

Wir halten fest:
Die reale durchschnittliche Temperatur in 2 m Höhe beträgt 288 K.
Die verschiedenen Oberflächentemperaturen betragen

- real: 288,15 K Gleichung (4.3 auf Seite 19)
- ohne Wasserdampf, mit Konvektion: 324,28 K Gleichung (4.42 auf der vorherigen Seite)
- ohne Wasserdampf, ohne Konvektion: 360,03 K Gleichung (4.9 auf Seite 20)
- mit doppelter Konzentration aller Treibhausgase, ohne Wasserdampf, ohne Konvektion: 544,53 K Gleichung (4.10 auf Seite 22)

Siehe auch Manabe and Strickler [1964]. Bei Wegfall des Wasserdampfes fällt auch der latente Wärmetransport (Wasserdampf) weg, so dass die Ergebnisse bei den Annahmen real sind.

---

[15]Das untere Ende der Troposphäre ist durch die Erdoberfläche fixiert - aber das obere Ende der Stratosphäre ist nicht fixiert.

34

4.9. Kritik an den Darstellungen

Strahlung und Konvektion werden in den Klimamodellen des Mainstreams korrekt berücksichtigt. Manche Erklärungen zur Klimasensitivität werden jedoch der Realität nicht gerecht. Die Kritik der Skeptiker daran ist jedoch abwegig, weil sie wichtige Zusammenhänge übersieht und die Auswirkungen berechtigter Kritikpunkte falsch einschätzt.

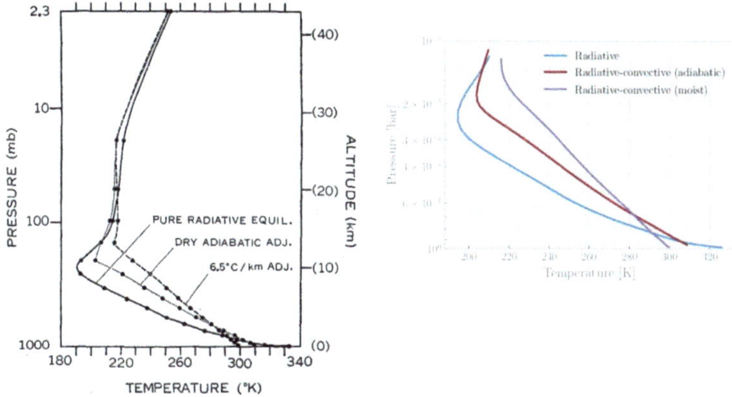

[Manabe and Strickler, 1964, Bild 4]   [Kestener, 2019, Fig. 2]

- reines Strahlungsgleichgewicht
- trockenadiabatische Eichung
- feuchtadiabatisch

- Strahlung
- Strahlungskonvektiv (adiabatisch)
- Strahlungskonvektiv (feucht)

Diagr. 4.9.: Atmosphärentemperaturen mit und ohne Wasserdampf

Besonders die angebliche «Wasserdampfverstärkung» bei Zunahme der Treibhausgaskonzentration steht mit der Wirklichkeit in Konflikt. Wie soll eine Wasserdampfverstärkung aussehen, wenn die Oberflächentemperatur ohne Wasserdampf höher wäre (siehe Abschnitt 4.8 auf der vorherigen Seite)?

Zu Vergleichszwecken definiert die Mainstreamwissenschaft einen «Strahlungsantrieb» [IPCC, 2016, S. 19]:

Strahlungsantrieb Der Strahlungsantrieb ist die Veränderung in der vertikalen Nettoeinstrahlung (Einstrahlung minus Ausstrahlung; ausgedrückt in Watt pro Quadratmeter: Wm^{-2}) an der Tropopause (Grenze zwischen Troposphäre und Stratosphäre) aufgrund einer Veränderung eines äusseren Antriebs des Klimasystems, wie z.B. eine Veränderung in der Konzentration von Kohlendioxid oder der Sonnenstrahlung. Der Strahlungsantrieb wird berechnet, indem alle troposphärischen Eigenschaften auf ihren ungestörten Werten konstant gehalten werden und nachdem sich die stratosphärischen Temperaturen, sofern verändert, an das strahlungsdynamische Gleichgewicht

> angepasst haben. Der Strahlungsantrieb wird als „unverzögert" bezeichnet, wenn keine Veränderung in den stratosphärischen Temperaturen beobachtet wird. Für die Zielsetzung dieses Berichtes wurde der Strahlungsantrieb weiter definiert als die Veränderung im Vergleich zum Jahr 1750 und bezieht sich, sofern nicht anders vermerkt, auf den global und jährlich gemittelten Wert. Der Strahlungsantrieb darf nicht mit dem Wolkenstrahlungsantrieb verwechselt werden, einem ähnlichen Begriff für die Beschreibung des Einflusses der Wolken auf die Einstrahlung an der Aussengrenze der Atmosphäre.

Entsprechend der Definition ist der Strahlungsantrieb eine rein rechnerische Größe. Wegen der wechselseitigen Abhängigkeiten zur Gesamtheit der troposphärischen Eigenschaften ist es prinzipiell unmöglich, den Einfluss des Strahlungsantriebs unabhängig von Änderungen anderer Variablen zu messen.

Diese virtuelle Größe kann zwar genau berechnet werden (z.B. mit HITRAN [2017] - siehe Dietze); sie erzeugt aber keine reale Strahlung und kann deshalb natürlich nicht auf die Erdoberfläche wirken. Aus der virtuellen Größe Strahlung kann man mit dem Stefan-Boltzmann-Gesetz virtuelle Temperaturen berechnen. Zwischen diesen virtuellen Temperaturen und den gemessenen oder anders berechneten Oberflächentemperaturen bestehen große Differenzen.

Die Klimapolitik und die Menschen fragen nach dem Zusammenhang zwischen Treibhausgaskonzentrationen und den Änderungen der durchschnittlichen Oberflächentemperatur. Die durchschnittliche Oberflächentemperaturen werden aus Meßwerten oder für die Zukunft mit umfangreichen Klimamodellen berechnet.

Die Oberflächentemperatur wird von den thermodynamischen Prozessen in der Troposphäre bestimmt (siehe Fakt 15 auf Seite 49). In der dickeren Troposphäre bleibt der feuchtadiabatische Temperaturgradient weitgehend erhalten. Deshalb ist die Wasserdampfmenge in der Troposphäre größer (erhöhte Verdunstungstemperatur). Das führt auch zu einer veränderten Wolkenbildung.

Und hier beginnt nun ein großes Verwirrspiel, in dem eine Vielzahl möglicher Zusammenhänge zwischen Strahlungsgrößen und den Oberflächentemperaturen angeboten wird:

- Bei allen Modellen erhöht sich die Oberflächentemperatur durch Erhöhung der Gegenstrahlung.
- Die Mainstreamdarstellung erklärt die Differenz der Temperaturen als Folge einer Wasserdampfrückkopplung - siehe Abschnitt 4.6 auf Seite 28.
- Im Gegensatz zur virtuellen Strahlungszunahme nimmt real die Strahlung aus der Stratosphäre ab (wegen der Temperaturabnahme).
- Der Wasserdampfgehalt der Troposphäre nimmt zwar zu, aber das bewirkt kaum mehr als die Aufrechterhaltung des feuchtadiabatischen Temperaturgradienten.
- Die Gegenstrahlung wird von den verschiedenen Treibhausgasmolekülen emittiert - deren Mengenanteil in der Atmosphäre sich zeitlich ändert.
- Die Tropopausenhöhe ändert sich.
- Da die Lichtgeschwindigkeit groß gegenüber den Geschwindigkeiten der Konvektion sind, glauben Einige, daß die Konvektion nicht berücksichtigt werden muß.
- Andere berechnen die Strahlung nicht nur über die Stratosphäre, sondern über die ganze Atmosphäre.
- In diesem Zusammenhang folgt die Erhöhung der Gegenstrahlung hauptsächlich aus der Verkürzung der Absorptionslänge bei dem Temperaturgradienten - siehe Abschnitt 4.9.2 auf Seite 39.

- Die Wasserdampfrückkopplung wird auf verschiedene Weise berechnet, so dass für die Klimasensitivität sehr unterschiedliche Werte angegeben werden.

4.9.1. Wasserdampf

Die Vielfalt der Einflussfaktoren lässt der Kreativität bei der Suche nach Erklärungsmodellen breiten Raum. So kam es z.B. zur Idee der Wasserdampfrückkopplung. Die Darstellung des [IPCC, 2018, S. 425(9) - übersetzt] zeugt von großer Unsicherheit hinsichtlich der getroffenen Annahmen (man beachte den letzten Absatz des Zitats):

<Beginn übersetztes Zitat>

> Die Wasserdampf-Rückkopplung ist weiterhin die durchgängig wichtigste Rückkopplung, die für die große Erwärmung verantwortlich ist, welche von allgemeinen Zirkulationsmodellen als Reaktion auf eine Verdopplung des CO_2 vorhergesagt wird. Die Wasserdampf-Rückkopplung allein bewirkt ungefähr eine Verdopplung der Erwärmung gegenüber gleichbleibendem Wasserdampfgehalt (Cess et al. [1990]; Hall and Manabe [1999]; Schneider et al. [1999]; Held and Soden [2000]). Darüber hinaus verstärkt die Wasserdampf-Rückkopplung in den Modellen andere Rückkopplungen, wie die Wolkenrückkopplung und die Eis-Albedo-Rückkopplung. Wenn die Wolkenrückkopplung stark positiv ist, kann die Wasserdampfrückkopplung zu einer 3,5-fach größeren Erwärmung führen, als dies der Fall wäre, wenn die Wasserdampfkonzentration konstant gehalten würde (Hall and Manabe [1999]).
>
> Wie Held and Soden [2000] bemerkten, hängt die relative Empfindlichkeit der OLR[16)] auf Schwankungen der Luftfeuchtigkeit davon ab, wie sich das Wasserdampfprofil verändert; die geeignete Wahl hat sich also danach zu richten, welcher Einfluss des sich ändernden Klimas auf die Wasserdampfverteilung erwartet wird. Diese Empfindlichkeit wird auch durch Strahlungseffekte von Wolken beeinflusst, die den Einfluss des Wasserdampfs unterhalb der Wolkenschicht auf die OLR überdecken. Unter Einbeziehung von Strahlungseffekten der Wolken und bei Annahme eines konstanten Einflusses auf die relativen Luftfeuchtigkeit (was zur Erfassung der Wasserdampfrückkopplung in GCM für zweckmäßig gehalten wird) vermuten Held und Soden, dass die OLR in den Tropen fast gleichmäßig empfindlich auf Wasserdampfstörungen reagiert. Etwa 55% der Wirkung sind auf die freie Troposphäre in den "Tropen" (30°N bis 30°S) und 35% auf die Extra-Tropen zurückzuführen. Wird auch die Polarverstärkung der Erwärmung berücksichtigt, so erhöht sich der Anteil der Wasserdampfrückkopplung, der auf die Extratropen zurückzuführen ist. Vom Beitrag der Tropen entfallen etwa zwei Drittel, d.h. 35% der globalen Gesamtmenge, auf die obere Hälfte der Troposphäre, von 100 auf 500 mbar. Die Grenzschicht selbst macht nur 10% der globalen Wasserdampfrückkopplung aus. Simulationen unter Einbeziehung von Wolkenstrahlungseffekten mit Verdoppelung des CO_2-Gehalts

---

[16)]OLR – von engl. **O**utgoing **L**ongwave **R**adiation = die Infrarotstrahlung, die die Erde verläßt.

(Schneider et al. [1999]) sowie eine Clear-Sky-Analyse auf Basis globaler Daten über 15 Jahre (Allan et al. [1999]) ergeben eine maximale Empfindlichkeit gegenüber Wasserdampfschwankungen in der 400 bis 700 mbar-Schicht (siehe auch Le Treut et al. [1994]). In einer von Schneider et al. [1999] analysierten Simulation hat die extra-tropische Wasserdampf-Rückkopplung einen um 50% größeren Einfluss auf die Erwärmung als die tropische Rückkopplung.

Der größte Teil der freien Troposphäre ist mit Wasserdampf stark untersättigt[17], so dass die lokale Wasserspeicherkapazität nicht der begrenzende Faktor für den atmosphärischen Wasserdampf ist. Innerhalb der Einschränkungen, die allein durch Clausius-Clapeyron auferlegt werden, gibt es reichlich Spielraum für Wasserdampf-Rückkopplungen, die entweder stärker oder schwächer sind als die, welche durch eine konstante relative Luftfeuchtigkeit impliziert werden, insbesondere wenn sich die Fläche der feucht tropischen Konvektionsregion (Pierrehumbert [1999]) ändert. Es wurde abgeschätzt, dass ohne Änderungen des Flächenanteils konvektiver und trockener Regionen eine Verschiebung des Wasserdampfs zu niedrigeren Niveaus in den trockenen Regionen im Extremfall zu einer Halbierung der derzeit geschätzten Wasserdampf-Rückkopplung, nicht aber zu einer negativen, stabilisierenden Rückkopplung führen könnte (Harvey [2000]).

Raval and Ramanathan [1989] versuchten, die Existenz einer Wasserdampfrückkopplung zu bestätigen, indem sie räumliche Oberflächenfluktuationen mit räumlichen OLR-Fluktuationen korrelierten. Ihre Ergebnisse sind schwer zu interpretieren, weil sie auf Auswirkungen sowohl von Zirkulationsänderungen als auch von thermodynamischen Prozessen beruhen (Bony et al. [1995]).

Inamdar and Ramanathan [1998] zeigten, dass für die gesamten Tropen über die Jahreszeiten hinweg eine positive Korrelation zwischen Wasserdampf, Treibhauseffekt und SST[18] besteht. Das ist konsistent mit einer positiven Wasserdampf-Rückkopplung, kann aber immer noch nicht als direkte Bestätigung einer Rückkopplung angesehen werden, da die Zirkulation über den jahreszeitlichen Zyklus auf eine andere Weise schwankt, als dies bei einer Verdoppelung des CO_2-Gehalts der Fall wäre.

<Ende Zitat>

Diese Darstellung ignoriert fundamentale Fakten. Die (schon seit 1906 bekannte) Verschiebung der Tropopause wie auch das Phänomen, dass der Treibhauseffekt ohne Wasserdampf stärker ausfiele (siehe Diagramm 4.9 auf Seite 35), werden noch nicht einmal erwähnt. Auch die implizite Frage, wie die Polarverstärkung der Erwärmung zu erklären ist, kann damit nicht beantwortet werden.

Das nachfolgende Zitat eines Klimaforschers des Max-Planck-Institut für Meteorologie in Hamburg auf der Seite des Bundesministerium für Bildung und Forschung

---

[17]Durch die unterschiedlichen Temperaturen fällt Niederschlag aus. Dadurch kann nicht so viel Wasserdampf in der Troposphäre sein, dass alle Luft überall gesättigt ist.

[18]SST engl.: is defined as the skin temperature of the ocean surface water - (die SST ist definiert als die Oberflächentemperatur des Ozeanoberflächenwassers).

Stevens [2024] ist nicht verwunderlich, da physikalisch fehlerhafte Modelle allenfalls zufällig zutreffende Ergebnisse liefern können:

> Die Rechenleistung der Computer ist auf das Vielmillionenfache gestiegen, aber die Vorhersage der globalen Erwärmung ist so unpräzise wie eh und je. „Es ist zutiefst frustrierend", sagt Bjorn Stevens vom Hamburger Max-Planck-Institut für Meteorologie.

Dieser Mangel für die Wasserdampfrückkopplung macht es Klimawandelleugnern leicht, diesen Sachverhalt zu erwähnen und gleich noch mehr anzuzweifeln. Dazu ein Zitat Haapala [2024] (übersetzt):

> Im Charney-Bericht von 1979 wurde festgestellt, dass die beteiligten Klimamodellierer darauf bestanden, dass sich die geringe Erwärmung durch einen Anstieg des atmosphärischen Kohlendioxids aufgrund eines Anstiegs des Wasserdampfs verdoppeln oder sogar verstärken würde. Der Charney-Bericht übersah, dass dieselben Modelle vorhersagten, dass jede Erwärmung, egal aus welcher Ursache, zu einer weiteren Erwärmung führen würde, ohne dass ein Ende in Sicht wäre. Die Modellierer hatten keine physikalischen Beweise für ihre Behauptung.

Deswegen ein Vorschlag: Mit den virtuellen Strahlungsantrieben eine virtuelle Oberflächentemperaturänderung errechnen und das Verhältnis tatsächliche zu virtueller Temperaturänderung als **"Konvektionsfaktor"** statt als Wasserdampfrückkopplung bezeichnen.

Tatsächlich wäre schon mit dem Wissen von Schwarzschild [1906] eine überzeugendere Darstellung wesentlicher Zusammenhänge der Klimasensitivität möglich gewesen.

4.9.2. Verkürzung der Absorptionslänge

Bei höherer Treibhausgaskonzentration verringert sich die Absorptionslänge (= Emissionslänge). Dadurch verringert sich der Höhenbereich, aus dem emittierte Photonen die Oberfläche erreichen. Weil die Temperatur mit der Höhe abnimmt (Temperaturgradient), ist die Durchschnittstemperatur in dem dünneren Bereich der Emission über der Oberfläche höher. Wegen der höheren Durchschnittstemperatur verstärkt sich die Gegenstrahlung. Die stärkere Gegenstrahlung hat eine höhere Oberflächentemperatur zur Folge. Das kann man berechnen.

Aber dann darf man die Konsequenzen nicht außer Acht lassen. Die höhere Oberflächentemperatur sorgt für höhere bodennahe Lufttemperatur, so dass die Luft aufsteigt (analog dem Heißluftballon). Beim Aufsteigen kühlt sich zwar die Luft ab, da aber die Umgebungsluft schon adiabatisch abgekühlt ist, bleibt die aufsteigende Luft immer wärmer als die umgebende Luft. Damit kann die aufsteigende Bewegung nicht an der alten Tropopause enden und die Tropopause muß höher werden. Auch eine zweite Betrachtung führt zu dem gleichen Ergebnis: Wenn die Tropopause in Höhe und Temperatur unverändert bliebe, aber die Oberflächentemperatur steigt, würde ein überadiabatischer Temperaturgradient entstehen - der wird aber durch veränderte Konvektion auf den adiabatischen Temperaturgradienten abgebaut.

Diese Konsequenz ist nicht vernachlässigbar (siehe zweiter Absatz von Kapitel 1 auf Seite 3), wird aber dennoch von Einigen übersehen. In der Troposphäre herrschen chaotische Strömungsverhältnisse. Die aktuellen Temperaturgradienten können unter- und über-adiabatisch sein, aber der Durchschnittswert ist feuchtadiabatisch, auch durch horizontale Strömungen. Wenn aber alle Oberflächen wärmer werden, ändert sich auch der Durchschnitt und das muß berücksichtigt werden. Damit ist man wieder bei der Berücksichtigung der Konvektion und das erklärt auch ihre Bedeutung.

4.10. Zusätzliche Abwärme

4.10.1. Übersicht

Bei mehr Abwärme wird sich auch die Tropopausenhöhe ändern, da sich die Steigung des adiabatischen Temperaturgradienten in der Troposphäre und das Schwarzschild [1906]-Kriterium für den Übergang von der Troposphäre in die Stratosphäre nicht ändern. Wenn sich nur der Weg von der Wärmequelle in den Weltraum ändert, ändert sich die Oberflächentemperatur nicht. (Siehe auch Rahmstorf [2022].) Zu diesen Energien, die zu Wärme werden, gehören Wind und Gezeiten. Sonne und Erdwärme gehören nur teilweise dazu. Wenn sich die Albedo ändert, ändert sich die absorbierte Solarstrahlung ins Klimasystem. Der gegenwärtige Eintrag von Erdwärme ins Klimasystem ist ca. $60\,mW/\mathrm{m}^2$. Dieser Beitrag ist geringfügig, kann sich aber durch Erdwärmenutzung erhöhen.

Auch ohne mehr Treibhausgase wird es durch mehr Abwärme zu einer Erhöhung der Oberflächentemperatur kommen.

Rahmstorf [2022] nennt als gegenwärtige Abwärme 17 Terawatt und prognostiziert in 100 Jahren eine Abwärme von 170 Terawatt ($= 0{,}333\,W/\mathrm{m}^2$). Allerdings ist die vermutete Erhöhung der Oberflächentemperatur von 0,2 °C um den Faktor 3 bis 10 zu hoch (siehe nachfolgende Kapitel - Gleichungen (4.48 auf der nächsten Seite) und (4.50 auf Seite 43)).

4.10.2. Die Temperaturerhöhung auf der Basis des Schwarzschild-Kriteriums

Die treibhausgashaltige Atmosphäre ist ein wärmedämmender Stoff. Für wärmedämmende Stoffe gilt die Wärmetransportgleichung. Dementsprechend ist der Temperaturgradient (dT/dh) in diesen Stoffen proportional dem Wärmestrom (W) und den Stoffdaten. Da der Ausbreitungswiderstand durch die Treibhausgasmoleküle verursacht wird, ist bei gut gemischten Treibhausgasen die Dichte der Treibhausgasmoleküle proportional der Luftdichte. Deshalb empfiehlt es sich im Bereich der Tropopause, die Stoffdaten als Produkt der Dichte der Treibhausgasmoleküle und einer weiteren Größe anzugeben. Die weiteren Eigenschaften des Transportwiderstandes werden in einer Konstante K^* zusammengefaßt. "Konstante" ist etwas übertrieben, denn die Größe hängt etwas vom Druck ab (Profilfunktion der Absorption), von der Spektralverteilung der Wärme, dem Anregungsverhältnis der Moleküle (Temperatur) usw. Wegen der geringen Abhängigkeit wird im weiteren die "Konstante K^*" dennoch als Konstante behandelt:

$$\frac{dT}{dh} = K^* * \varrho * W \tag{4.43}$$

Mit Gleichung (4.13 auf Seite 25) wird

$$\frac{dT}{dh} = K^* * \frac{pM}{RT} * W = K^* * \frac{M}{R} * \frac{p}{T} * W = K * \frac{p}{T} * W \tag{4.44}$$

In Gleichung (4.44 auf der vorherigen Seite) sind die zwei Konstanten zu einer Konstante K zusammengefaßt.

Mit Gleichung (4.41 auf Seite 32) kann im Bruch p/T die Größe p in Beziehung zur Temperatur gesetzt werden. (Die Tropopause ist das obere Ende der troposphärischen Adiabate.)

$$p_T = p_O \left(\frac{T_T}{T_O} \right)^i = p_O \frac{T_T}{T_O} \left(\frac{T_T}{T_O} \right)^{i-1} \quad \Rightarrow \quad \frac{p_T}{T_T} = \frac{p_O}{T_O} \left(\frac{T_T}{T_O} \right)^{i-1} \tag{4.45}$$

Aus den Gleichungen (4.44 auf der vorherigen Seite) und (4.45) folgt:

$$\frac{dT}{dh} = K * \frac{p_O}{T_O} \left(\frac{T_T}{T_O} \right)^{i-1} * W \tag{4.46}$$

Die zusätzliche Abwärme muß die Erde verlassen. Ein Teil wird die Erdoberfläche erwärmen und ein Teil dieser Wärme verläßt die Erde durch die atmosphärischen Fenster. Auch der andere Teil verläßt die Erde und wechselwirkt dabei mit den Treibhausgasen. Durch den Ausbreitungswiderstand der Stratosphäre erhöht sich der Temperaturgradient auch bei verstärktem Wärmetransport. Diese Erhöhung des Temperaturgradienten läßt die Höhe der Tropopause steigen, da das Schwarzschild [1906]-Kriterium in größerer Höhe erreicht wird[19].

Dadurch nimmt Gleichung (4.46) bei Zunahme von W um ΔW folgende Form an [α siehe Seite 27, i, T_O, T_T siehe Gleichungen (4.40 auf Seite 32) und (4.42 auf Seite 33), Gleichung (4.35 auf Seite 32)]:

$$\frac{dT}{dh} = K * \frac{p_O}{T_O + \Delta T_O} \left(\frac{T_T - \alpha \Delta T_O}{T_O + \Delta T} \right)^{i-1} * (W + \Delta W) \tag{4.47}$$

Die Lösung des Paares der Gleichungen (4.46) und (4.47) (Zunahme der Oberflächentemperatur) mit $\Delta W = 0{,}333 \, W/\mathrm{m}^2$ hängt ab von α:

$$
\begin{array}{lll}
\alpha & \Delta T_O & \Delta T_T = \alpha * \Delta T_O \\
3 & 0{,}0342\,\mathrm{K} & 0{,}1026\,\mathrm{K} \\
4 & 0{,}0274\,\mathrm{K} & 0{,}1096\,\mathrm{K}
\end{array}
\tag{4.48}
$$

Die Änderung der Tropopausentemperatur ist also fast unabhängig von α.

An der Tropopause ermöglicht Gleichung (4.46) noch weitere Aussagen. Die linke Seite der Gleichung hat gemäß der Gleichung einen konstanten Wert. Auf der rechten Seite ist der Term $K * \frac{p_O}{T_O} \left(\frac{1}{T_O} \right)^{i-1}$ fast unabhängig T_T und W. Deshalb muß der Term

$$(T_T)^{i-1} * W \tag{4.49}$$

auch fast konstant sein: Deshalb ist mit der Tropopausentemperatur der Wärmestrom W zu bestimmen. Dabei wird allerdings die Änderung der Tropopausentemperatur zu groß ausfallen wegen der Vernachlässigung der Änderung der Oberflächentemperatur.

---

[19] Obwohl nicht alle Wellenlängen von W mit den Treibhausmolekülen wechselwirken, wird trotzdem wegen der Einfachheit das gesamte W verwendet. Wenn W differenziert wird, ist auch K zu differenzieren und das Produkt KW ist durch das Integral $\int K_\nu W_\nu d\nu$ zu ersetzen. Sehr oft reicht aber das Produkt.

4.10.3. Temperatur und Wärmestrom

Wie schon erwähnt ist hängen Temperatur und Höhe der Tropopause von der geographischen Breite ab. Nach Gleichung (4.49 auf der vorherigen Seite) spielt dabei der Wärmestrom W eine große Rolle. Zur Untersuchung würde eigentlich der durchschnittliche Temperaturverlauf der Tropopause gebraucht, der bislang allerdings unbekannt ist. Ziemlich gesichert ist die äquatoriale Tropopausentemperatur von $-80\,°C$ und auch die durchschnittliche polare Temperatur von $-50\,°C$. Für die nachfolgende Tabelle 4.3 werden diese Werte angesetzt und quadratisch über die Breitengrade interpoliert. Für die Zusatzwärme werden die auf Seite 40 genannten $0{,}333\,W/m^2$ verwendet, von denen angenommen wird dass diese Zusatzwärme gleichmäßig über den Globus verteilt wird. Diese Annahme ist gerechtfertigt, weil in der dickeren Troposhäre die Luftströmungen zunehmen und keine Annahmen zur lokalen Verteilung der zusätzlichen Wärmequellen gemacht werden.

	Stand				$+0{,}333\,W/m^2$			
a	b	c	d	e	f	g	h	i
85°N	0,087	−53,2 °C	220 K	204,8 W/m^2	205,1 W/m^2	219,7 K	0,241 K	24,60 m
75°N	0,259	−59,2 °C	214 K	213,3 W/m^2	213,6 W/m^2	213,8 K	0,225 K	22,99 m
65°N	0,423	−64,4 °C	209 K	221,1 W/m^2	221,5 W/m^2	208,6 K	0,212 K	21,63 m
55°N	0,574	−68,8 °C	204 K	228,3 W/m^2	228,6 W/m^2	204,2 K	0,201 K	20,51 m
45°N	0,707	−72,5 °C	201 K	234,6 W/m^2	234,9 W/m^2	200,5 K	0,192 K	19,60 m
35°N	0,819	−75,5 °C	198 K	239,8 W/m^2	240,1 W/m^2	197,5 K	0,185 K	18,89 m
25°N	0,906	−77,7 °C	195 K	243,8 W/m^2	244,2 W/m^2	195,3 K	0,180 K	18,37 m
15°N	0,966	−79,2 °C	194 K	246,6 W/m^2	246,9 W/m^2	193,8 K	0,177 K	18,02 m
5°N	0,996	−79,9 °C	193 K	248,0 W/m^2	248,3 W/m^2	193,1 K	0,175 K	17,85 m
-5°S	0,996	−79,9 °C	193 K	248,0 W/m^2	248,3 W/m^2	193,1 K	0,175 K	17,85 m
-15°S	0,966	−79,2 °C	194 K	246,6 W/m^2	246,9 W/m^2	193,8 K	0,177 K	18,02 m
-25°S	0,906	−77,7 °C	195 K	243,8 W/m^2	244,2 W/m^2	195,3 K	0,180 K	18,37 m
-35°S	0,819	−75,5 °C	198 K	239,8 W/m^2	240,1 W/m^2	197,5 K	0,185 K	18,89 m
-45°S	0,707	−72,5 °C	201 K	234,6 W/m^2	234,9 W/m^2	200,5 K	0,192 K	19,60 m
-55°S	0,574	−68,8 °C	204 K	228,3 W/m^2	228,6 W/m^2	204,2 K	0,201 K	20,51 m
-65°S	0,423	−64,4 °C	209 K	221,1 W/m^2	221,5 W/m^2	208,6 K	0,212 K	21,63 m
-75°S	0,259	−59,2 °C	214 K	213,3 W/m^2	213,6 W/m^2	213,8 K	0,225 K	22,99 m
-85°S	0,087	−53,2 °C	220 K	204,8 W/m^2	205,1 W/m^2	219,7 K	0,241 K	24,60 m
Ø	11,474	−74,3 °C	199 K	238,1 W/m^2	238,4 W/m^2	198,7 K	0,188 K	19,20 m

a   geographische Breite, Punkte aus Diagramm 4.2 auf Seite 22
b   Flächengewicht jedes 10°-Streifens
c   angesetzte Streifentemperatur in °C
d   angesetzte Streifentemperatur in K
e   Streifenleistung nach Gleichung (4.49 auf der vorherigen Seite)
f   entsprechende Streifenleistung mit Zusatzwärme
g   angesetzte Streifentemperatur in K mit Zusatzwärme
h   Temperaturabfall der Tropopause wegen der Zusatzwärme
i   Anstieg der Tropopause

Tabelle 4.3.: Zusätzliche Abwärme

Bemerkenswert ist in Tabelle 4.3, dass die geringe Wärmestromabweichung vom globalen Mittelwert nur -14 bis $+4\,\%$ beträgt trotz des großen Bereichs der Tropopausentemperaturen.

Wegen Nichtberücksichtigung der Änderung der Oberflächentemperatur ist ΔT_T fast doppelt so groß wie in Gleichung (4.48 auf Seite 41) (siehe Seite 41):

$$
\begin{array}{ccc}
\alpha & \Delta T_O = \Delta T_T/\alpha & \Delta T_T \\
3 & 0{,}062\,\mathrm{K} & 0{,}188\,\mathrm{K} \\
4 & 0{,}047\,\mathrm{K} & 0{,}188\,\mathrm{K}
\end{array}
\tag{4.50}
$$

Obwohl ΔT_T zu groß berechnet wurde, ist trotzdem die Änderung der Oberflächentemperatur kleiner als der von Rahmstorf angenommene Wert von 0,2 K.

Anhang

A. Grundlagenwissen

Für Leser mit geringeren Vorkenntnissen werden hier einige Fakten aufgelistet, deren Kenntnis zum Verständnis des Textes hilfreich ist. Die Darstellung orientiert sich etwas an der Geschichte des Erkenntnisgewinns.

A.1. Älteres, d.h. vor fast 100 Jahren bereits bekanntes Wissen

Fakt 1: Wärme ist eine spezielle Form der Energie. In der Atmosphäre wird der größte Teil der Energie in Form von Wärme übertragen. Auch die chemische Energie ist dort von Bedeutung [etwa bei der Umwandlung von Sauerstoff (O_2) ins energiereichere Ozon (O_3)]. Ferner die Anregungsenergie (siehe Abschnitt A.4 auf Seite 57), welche von Molekülen durch Absorption von Strahlung oder Stößen aufgenommen und mittels Emission oder Stößen wieder abgegeben wird. Dazu noch die Energie der Photonen.

Fakt 2: Im Klimasystem der Erde sind im langjährigen Durchschnitt die Temperaturen an allen Orten fast konstant - daraus folgt, daß an jedem Ort im Mittel die abgeführte Energie fast gleich der zugeführten Energie ist. Temperaturänderungen sind immer auf Unterschiede zwischen zugeführter und abgeführter Energie zurückzuführen.

Fakt 3: Die Strahlungsausbreitung wird durch die Strahlungstransportgleichung (auch Schuster-Schwarzschild-Gleichung genannt - [Simmer, 2006, Folie 49 - 51]) beschrieben[1]. In dieser Gleichung sind die Absorption (intensitätsabhängig - Energieentnahme aus der Umgebung) und die Emission (temperaturabhängig - Energieabgabe in die Umgebung) enthalten. Zum Strahlungsgleichgewicht gehört folglich eine bestimmte Temperatur (siehe Abschnitt E auf Seite 75). Prinzipiell gehört zum Strahlungstransport auch die Streuung, die aber im Infrarotbereich keine wesentliche Rolle spielt.

Fakt 4: Der II. Hauptsatz der Thermodynamik (II. HS) oder Entropiesatz: Die Entropie ist eine Qualitätsgröße der Wärme und wird bestimmt durch die Temperatur der Wärmequelle. Dabei handelt es sich um eine Zufallsgröße, ähnlich den Lottoziehungen. Der Zufallscharakter der Entropie sollte bekannt sein, um die Verwendung dieser Größe richtig einzuordnen (siehe Abschnitt B.2.1 auf Seite 63).

An dieser Stelle möchte der Autor auf drei Mißverständnisse aufmerksam machen (siehe Abschnitt B.2.2 auf Seite 64):

---

[1] Eine wesentliche Konstante in der Strahlungstransportgleichung ist die Absorptionskonstante. Je nach Rechenzweck wird die Absorption in den Formen Absorptionslänge, optische Tiefe usw. angegeben.

A. Grundlagenwissen

1. Im II. HS ist auch von Wärmetransporten die Rede: Die transportierten Wärmemengen zwischen zwei unterschiedlich temperierten Körpern verursachen eine Tendenz zum Temperaturausgleich. Diese Tendenz kann durch gleichzeitige weitere Wärmetransporte verändert werden.

2. Einige Autoren behaupten eine nur geringe Verstärkung des Treibhauseffektes bei höheren Treibhausgaskonzentrationen, weil angeblich die starken Absorptionslinien gesättigt seien. Da aber physikalisch bedingt mit einer starken Absorption stets auch eine starke Emission verbunden ist, ist eine Sättigung prinzipiell unmöglich (siehe Abschnitt F auf Seite 83, Abschnitt E auf Seite 75).

3. Zu Photonen siehe Abschnitt A.4 auf Seite 58.

Fakt 5: Wenn nur die Absorption betrachtet wird (und die Emission „vergessen" wird), ist es gleichgültig, wo sich die CO_2-Moleküle befinden (Schildknecht [2020], Harde [2011]). Wird auch (was notwendig ist, da ansonsten die gesamte Betrachtung fehlerhaft wird) die Emission betrachtet, so ist der Ort der Moleküle bestimmend, weil die Emission von der lokalen Temperatur bestimmt wird (bis in ca. 60 km, weil bis zu dieser Höhe ein lokales thermodynamisches Gleichgewicht herrscht - das »Local thermodynamic equilibrium«: LTE - Seite 85).

Fakt 6: Die Wärmeausbreitung in Gasen hat Ähnlichkeit mit der Wärmeleitung in Festkörpern (z.B. durch die Außenwand eines Hauses) - allerdings ist wegen der starken Wechselwirkung zwischen den Molekülen die rechnerische Modellierung in Festkörpern komplizierter. Noch bedeutender bei Gasen ist der konvektive Wärmetransport (bewegte warme Luft nimmt Wärme mit).

Auch die Innenseite der Außenwand eines Hauses strahlt Wärme ab, wie jeder im Winter feststellen kann. Diese Strahlung entspricht gemäß den Begriffsdefinitionen der „Gegenstrahlung" in der Atmosphäre[2].

Fakt 7: Die Abstrahlung der Wärme, die die Erde von der Sonne empfangen hat, wird nicht verhindert, sondern «nur» behindert. Um so größer die Behinderung[3] durch die Treibhausgase ist, um so höher wird die Oberflächentemperatur, um diese Behinderung zu überwinden (denn die Energieabgabe ist temperaturabhängig). Diese Abstrahlung führt zu einem Energieverlust der Atmosphäre (sowohl tags als auch nachts), der jedoch im Mittel von Absorption und konvektivem Wärmetransport nach oben kompensiert wird (siehe Fakt 2). Die Temperatur bleibt daher im Mittel fast konstant. Nur während eines Temperaturanstiegs wird etwas weni-

---

[2] Wie die niedrige Temperatur der Gegenstrahlung hat auch die Innenseite der Hauswand im Winter eine niedrige Temperatur, die aber größer als die Umgebungstemperatur ist. Zur Temperatur eines Wärmestrahls siehe Wien [1894] oder [Planck, 1900b, S. 721]:

> Soviel ich weiss, gibt es immer noch Physiker, welche die Ansicht vertreten, dass man nicht von der Temperatur eines Wärmestrahles an sich sprechen darf, sondern nur von der Temperatur des Körpers, welcher den Strahl emittiert.

[3] Man kann sich diese Behinderung wie die Sichtbehinderung an einem nebligen Tag vorstellen: Was sich hinter der Sichtweite befindet, ist zwar nicht zu sehen, doch gleichwohl existent.

ger abgestrahlt, da in der etwas wärmeren Atmosphäre und dem etwas wärmeren Ozean mehr Wärme gespeichert wird.

Fakt 8: Mit dem Begriff der Gegenstrahlung ist nicht gemeint, dass ein Teil der nach oben transportierten Wärme nach unten umgelenkt wird. Die Gegenstrahlung ist Bestandteil der normalen Abstrahlung jedes warmen Körpers (warm ist in diesem Zusammenhang jeder Körper, der eine Temperatur über 0 K hat). Wegen der Kompensation bleiben daher trotzdem im Mittel Temperatur und Abstrahlung konstant (siehe Fakt 2). Siehe auch Diagramm A.1.

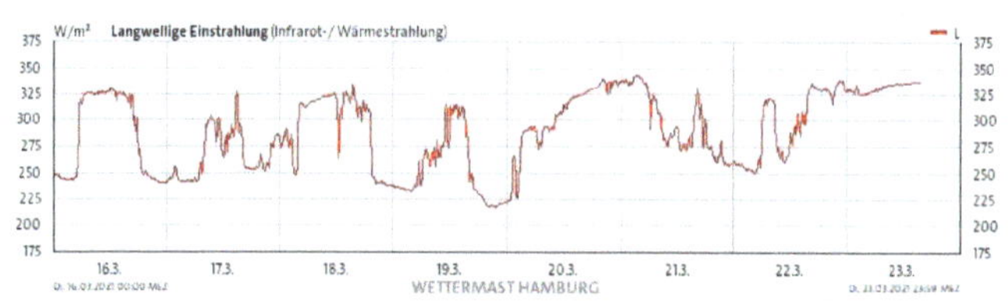

Diagr. A.1.: Eine Zeitreihe der Gegenstrahlung (bezeichnet als langwellige Einstrahlung) am Wettermast [2021]

Fakt 9: Die verschiedenen Richtungen der Strahlung werden in Texten oft zusammengefasst. Bei der Solarstrahlung ist das unmittelbar einleuchtend, da diese Strahlen fast parallel verlaufen.

Aber auch bei der irdischen Strahlung wird das oft so gemacht; die Strahlung direkt nach oben wird z.B. zusammengefasst mit aller Strahlung schräg nach oben usw.

Nicht der Winkel ist entscheidend, sondern ob die Strahlung zur Erde oder zum Weltraum geneigt ist (siehe Diagramm A.2 auf der nächsten Seite).

Fakt 10: Wer die Gegenstrahlung in Frage stellt, bezweifelt zugleich die Gültigkeit des Energieerhaltungssatzes. Denn:
Die Atmosphäre erhält viel Energie in Form von Konvektionswärme und absorbierter Strahlung. Die Abstrahlung aus der Atmosphäre in den Weltraum ist bedeutend geringer als die Abstrahlung von der Erdoberfläche und entspricht etwa der absorbierten Solarstrahlung.
Wo bleibt die Differenz, damit der Energieerhaltungssatz erfüllt ist und sich die Atmosphäre nicht ständig erwärmt? In der Gegenstrahlung, die zur Erdoberfläche geht!

Fakt 11: Die Gegenstrahlung bedeutet keine Verletzung des II. Hauptsatzes der Thermodynamik. Mit dem II. Hauptsatz werden die Strahlungsvorgänge zwischen zwei unterschiedlich warmen Körpern beschrieben, die eine Temperaturangleichung bewirken können: Der kältere Körper wird wärmer und der wärmere wird kühler (dabei wird - oft stillschweigend - vorausgesetzt, dass kein weiterer Energietransport stattfindet). Zum Klimasystem gehört aber auch noch ein dritter Körper, die Sonne mit ihrer Strahlung. Dadurch muss es ein Netto-Fließgleichgewicht der Wärme geben von der Sonne zur Erdoberfläche, von der Erdoberfläche zur Atmosphäre und von der Atmosphäre in den Weltraum.

Am Fließgleichgewicht der Erdoberfläche ist die Absorption von Sonneneinstrahlung und Gegenstrahlung beteiligt. Gleichgewicht bedeutet, daß im Mittel die absorbierte Energie wieder abgegeben wird - daran sind Aufwärtsstrahlung und Konvektion beteiligt. Oft werden die (abwärts gerichtete) Gegenstrahlung und die Aufwärtsstrahlung zu einer Aufwärts-Nettostrahlung von der Erdoberfläche zur Atmosphäre (siehe Diagramm A.8 auf Seite 55) zusammengefaßt. Mit der Stärke der Nettostrahlung ist nichts über die Stärke der einzelnen Bestandteile ausgesagt. Wenn die Nettostrahlung aufwärts gerichtet ist, bedeutet das nur, dass die Aufwärtsstrahlung größer ist als die Abwärtsstrahlung. Eine Unterscheidung, welche Anteile der Aufwärtsstrahlung Folge der Solareinstrahlung bzw. der Gegenstrahlung sind, ist nicht möglich.

Fakt 12: Die Gegenstrahlung kann man zusammen mit weiteren Komponenten (Aufwärtsstrahlung, konvektiver Wärmeeintrag, Speicherung in den Treibhausgasmolekülen usw.) als Teile eines Energiekreislaufs betrachten. Bei Verstärkung des Treibhauseffekts erhöht sich die Energie im Kreislauf. Diese Erhöhung der Kreislaufenergie während der Verstärkung wird aus der Differenz zwischen Absorption der Solarstrahlung und Emission in den Weltraum gespeist. Weitere Teile der Differenz speisen die Temperaturerhöhungen im Ozean und den Landmassen. Gegenwärtig werden ca. $1{,}9\,\mathrm{W\,m^{-2}}$ weniger abgestrahlt als absorbiert.

Fakt 13: Zuweilen wird behauptet, es gebe Fehler bei der Mittelwertbildung, etwa weil nicht zwischen Tag und Nacht differenziert wird. Für Klimauntersuchungen ist diese Tag-Nacht-Unterscheidung jedoch irrelevant. An diesem Thema Interessierten sei empfohlen, die lokale temporäre Absorption (einstrahlungsabhängig) und lokale temporäre Emission (temperaturabhängig, siehe Planck) zu untersuchen und dann die globalen und zeitlichen Mittelwerte zu bilden. Hilfreich ist dabei die Höldersche Ungleichung (Stuttgart [2013] und Abschnitt C auf Seite 69).

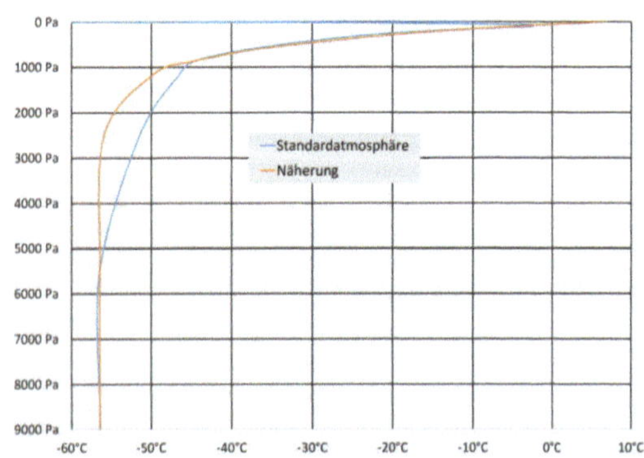

Diagr. A.2.: Zusammenfassung

Diagr. A.3.: Die Ozonschicht der Standardatmosphäre und die Näherung

Fakt 14: Die Tropopause ist keine Folge der Ozonschicht (wie von einigen behauptet wird), sondern ergibt sich aus dem Schwarzschild-Kriterium (siehe Seite 53). Durch die Ozonschicht wird nur die Tropopausenhöhe minimal modifiziert[4]. Die Veränderungen der Tropopause sind weitgehend die Folge von Temperaturänderungen und Luftbewegung in der Troposphäre - wobei die Veränderungen von Temperatur und Luftbewegung auch Folge von Veränderungen der Tropopause sind.

Der Temperaturverlauf im Bereich der Ozonschicht kann sehr gut durch folgende Näherungsformel angegeben werden:

$$T = -56{,}5\,°\mathrm{C} + 63{,}4\,\mathrm{K} * \exp\left(-\frac{p}{523\,\mathrm{Pa}}\right) \tag{A.1}$$

Diese Gleichung beschreibt den beobachteten Temperaturverlauf zwischen 22 000 Pa (11 km Höhe) und 110 Pa (47 km Höhe) (siehe Diagramm A.3 auf der vorherigen Seite). In Gleichung (A.1) beschreibt der Exponentialterm die UV-Heizung durch die Sonne. Weil die Gase die absorbierte Energie kaum im UV-Bereich abgeben, entfällt in der Schuster-Schwarzschild-Gleichung der Emissionsterm; damit reduziert sich diese Gleichung auf das Bouguer-Lambert-Gesetz mit der Exponentiallösung.

Der Vergleich der Näherung mit der Realität ergibt, daß ab Drücken größer 5000 Pa (< 20 km Höhe) die Heizung von oben vernachlässigt werden kann (< 3 mK). Damit ist für die stabile Schichtung im Höhenbereich zwischen 22 000 Pa (11 km Höhe) und 5000 Pa (20 km Höhe) die UV-Heizung unwesentlich. Der Temperaturverlauf resultiert fast ausschließlich aus der Strahlungsbilanz der von unten kommenden Strahlung, der IR-Strahlung von oben und der Eigenemission. Schon wegen der extrem unterschiedlichen Teilchenverhältnisse von 1:3 $\left[\dfrac{5000\,\mathrm{Pa}}{20\,000\,\mathrm{Pa} - 5000\,\mathrm{Pa}}\right]$ bzw. 1:200 $\left[\dfrac{110\,\mathrm{Pa}}{22\,000\,\mathrm{Pa}}\right]$ kann der Exponentialterm der UV-Heizung keinen großen Einfluß mehr haben, so daß eine andere Erklärung nicht möglich ist.

Fakt 15: Mindestens seit Schwarzschild [1906] ist bekannt, dass sich in der Troposphäre ein adiabatischer Temperaturverlauf einstellt. Diese Tatsache liefert die Randbedingung für die Temperatur, die sich schließlich an der Erdoberfläche einstellt. Diese wird realisiert über unterschiedliche Temperaturabhängigkeiten der verschiedenen Arten der Wärmeabgabe [Strahlung, latenter Wärmestrom (Wärmeinhalt durch Wasserdampf in der Konvektion), sensibler Wärmestrom (Wärmeinhalt entsprechend der Temperatur in der Konvektion)].

Fakt 16: Gäbe es nur die Abstrahlung des warmen Körpers «Sonne» (ohne Energienachschub), so würde sich diese abkühlen. 1906 war noch nicht bekannt, dass im Inneren der Sonne Fusionsprozesse ablaufen, die im Laufe der Sternentwicklung abwechselnd zu Phasen der Erwärmung und der Abkühlung, aber auch zu zeitweiser Stabilität der Temperatur führten.

---

[4] Dabei ist die Tropopause keine glatte Fläche, sondern gleicht eher der schwankenden Wasseroberfläche eines Wildwasserbaches, dessen zeitlicher Mittelwert konstant ist. Sie weist Brüche und Falten auf (siehe Diagramm A.4 auf Seite 51) usw. Real weicht die Tropopause zeitlich und örtlich erheblich von dem stark idealisierten Verlauf ab, wie die tägliche Veränderung zeigt, von der Diagramm A.5 auf Seite 51 einen Auszug zeigt.

So schreibt Schwarzschild [1906]:
> Wir wissen, daß ein mächtiger Energiestrom, aus unbekann
> ten Quellen im Sonneninnern entspringend, die Sonnenatmo
> sphäre durchsetzt und in den Außenraum dringt.

Fakt 17: Auf das Wetter- und Klimageschehen haben sehr viele Faktoren Einfluß [Sonne, Oberfläche (Berge, Wasser, Wald, Bebauung usw.), Absorption, Emission, Wärmespeicherung, Druck, Wolken, Wind, usw.]. Um Erklärungen und Berechnungen (z.B. globale Circulationsmodelle) nicht zu
umfangreich werden zu lassen, empfiehlt es sich, je nach Zweck der Betrachtung nicht alle Einflussfaktoren separat zu berücksichtigen, sondern
auch mit (örtlichen und zeitlichen) Mittelwerten zu arbeiten. Z.B. kann
angenommen werden, dass die tagsüber aufgenommene Wärme gespeichert und im Laufe des ganzen Tages sowohl tagsüber als auch nachts
wieder abgegeben wird.

Fakt 18: Ein streng adiabatischer Temperaturgradient transportiert konvektiv keine Wärme, da der Antrieb fehlt. Tatsächlich wird aber doch ein Teil der
Wärme konvektiv transportiert, daher ist der reale adiabiatische Temperaturgradient etwas überadiabatisch.

Fakt 19: Aus dem heißen Erdinneren kommt ein Wärmestrom, der aber in der
Regel vernachlässigt werden kann wegen seines kleinen durchschnittlichen
Wertes von $65\,\mathrm{mW\,m^{-2}}$ (Geothermie [2021]).

Fakt 20: Eine Dämmschicht ist eine Schicht mit unterschiedlichen Temperaturen
an den Oberflächen, zwischen denen Wärme transportiert wird (ggf. extra "Dämmschicht" genannt, aber auch Mauerwerk, Holzwand usw.), wobei beide Oberflächen unterschiedlich strahlen. In diesem Sinne ist auch
die Atmosphäre eine Dämmschicht zwischen der Erdoberfläche und dem
Weltraum. Bei einer homogenen Dämmschicht ist Berechnung der Dämmwirkung mit Materialkonstante und Geometrie relativ einfach. Bei inhomogenen Dämmschichten (was auch für die Atmosphäre zutrifft) ist die
Berechnung der Dämmwirkung komplizierter - aber für die Atmosphäre
ist die Berechnung «relativ einfach», da die Eigenschaften der Moleküle
als auch der Gase gut erforscht sind. Bei der Berechnung spielt die bei
jeder Dämmung vorhandene Gegenstrahlung (siehe Diagramm A.2 auf
Seite 48) eine wichtige Rolle.

A.2. Weiteres für den Treibhauseffekt bedeutsames

Entsprechend seiner Temperatur strahlt jedes Volumenelement in alle Richtungen.
Um die physikalischen Gesetze zu vereinfachen, wird angenommen dass die Strahlung von einer Oberflächenschicht ausgeht (z.B. das Stefan-Boltzmann-Gesetz).
Ohne Gegenstrahlung entfiele die nach unten gerichtete Strahlung, so dass keine Gleichverteilung der Richtungen möglich wäre. Die Gegenstrahlung wurde auch
von Prof. Mölders and Kramm [2014] gemessen, ohne daraus jedoch die richtigen
Schlussfolgerungen über den Treibhauseffekt zu ziehen. Siehe dazu das folgende
(übersetzte) Zitat aus der Rezension von Komurcu [2015], dem auch Prof. Kramm
zugestimmt hat:

> Darüber hinaus würde das traditionell organisierte letzte Kapitel mit
> dem Titel "Klima und Klimatologie" als aktuellere Referenz dienen,

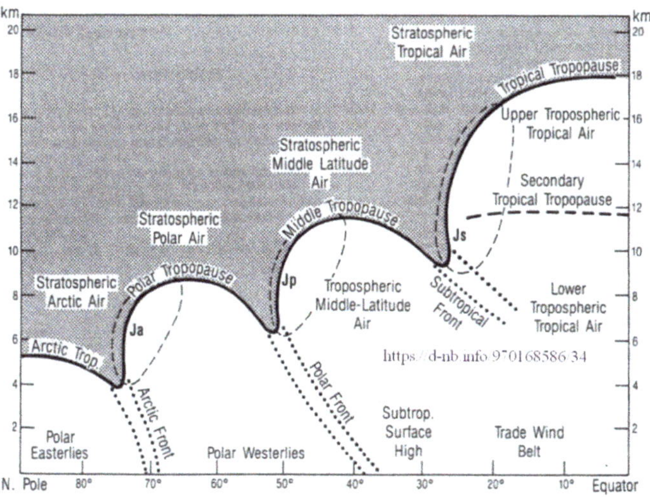

Diagr. A.4.: Schematische Darstellung der sogenannten „Dreifachstruktur" der Tropopause ([Birner, 2003, Abb. 2.4]:) „Die Darstellung ist stark idealisiert – die Wahrscheinlichkeit, zu einem gegebenem Zeitpunkt solch einen meridionalen Verlauf der Tropopause zu beobachten, ist relativ gering."

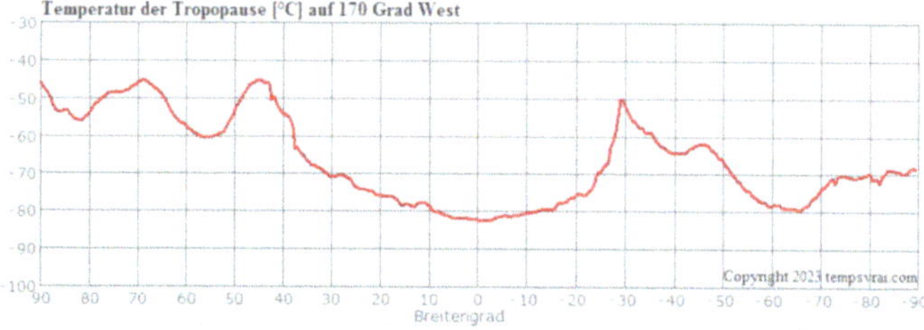

Diagr. A.5.: Beispiel für einen gemessenen Temperaturverlauf der Tropopause statt der idealisierten Darstellung Diagramm A.4 aus meteo.plus [2023], der täglich aktualisiert wird.

wenn es um eine detailliertere und zusammenhängendere Beschreibung erweitert würde: Die Komponenten des Klimasystems; das aktuelle Verständnis der Rückkopplungen im Klimasystem; kleinskalige Prozesse, die das regionale und globale Klima beeinflussen und einen ausführlichen Abschnitt über die Modellierung des Erdsystems. Obwohl einige dieser Konzepte etwas erklärt werden, könnte das Buch mit der vorgeschlagenen Erweiterung des letzten Kapitels auch als gutes Nachschlagewerk für Leser dienen, die daran interessiert sind, Meteorologie zu lernen, um den globalen Klimawandel zu untersuchen.

Als ein weiteres Argument gegen den Treibhauseffekt wird von einigen Interessierten die »geringe« Menge an Treibhausgasen in der Atmosphäre genannt. Ist das stichhaltig?

Nein. Die »geringe« Menge an Treibhausgasen in der Atmosphäre ist vollständig ausreichend um den Treibhauseffekt zu erklären; das folgt auch aus Labormessungen der Absorption (und der daraus folgenden Emission). Wäre die Konzentration der Treibhausgas höher (und sie wird leider höher), wäre die Behinderung (durch Absorption / Emission) stärker und damit die durchschnittliche Oberflächentemperatur.

Zuweilen wird behauptet, die Treibhausgase lägen einerseits in einer unbedeutend geringen Menge vor, seien andererseits aber dennoch bereits »gesättigt« in dem Sinne, dass eine höhere Konzentration die Absorption und damit den Treibhauseffekt nicht verstärken könne. In diesen Darstellungen wird der Vorgang der Emission ausgeblendet:

Wenn es tatsächlich nur die Thermalisierung geben würde, dann müßte die Atmosphärentemperatur laufend steigen - tut sie aber nicht und das würde auch dem II HS. der Thermodynamik widersprechen.

Also muß es einen Vorgang geben, der die eingetragene Wärme entfernt: das ist die Emission durch Moleküle, die durch Stoß oder Absorption angeregt wurden.

Dazu Schack [1972]:

Die Absorption der ein Gas durchsetzenden Wärmestrahlung ist im Beharrungszustand genau gleich der Wärmestrahlung dieses Gases. Denn wenn hierbei Abweichungen beständen, würden sich in einem dies Gas erfüllenden Hohlraum von selbst Temperaturdifferenzen bilden, was nach dem zweiten Hauptsatz der Thermodynamik nicht möglich ist. Daher können zur Berechnung der Absorption die bekannten Formeln der Gasstrahlung ohne Änderung benutzt werden.

Die bekannte Formel der Gasstrahlung ist die Strahlungstransportgleichung (Schuster-Schwarzschild-Gleichung), wobei Schack [1972] im zweiten Satz des Zitates die Emission unerwähnt lässt. Damit gerät er in Widerspruch zu seinem ersten Satz und kommt des Weiteren zu falschen Schlussfolgerungen[5].

---

[5] Das ist etwas verzeihlich (wenn auch falsch), denn Schack hat vor allem nicht-isotherme Prozesse auf kurzen Strahlungswegen weitgehend richtig untersucht (Wikipedia [2021a]), wobei einzelne Terme der Schuster-Schwarzschild-Gleichung wegen Geringfügigkeit vernachlässigt werden können. Mit der Atmosphäre hat sich Schack im Wesentlichen nicht befaßt, wodurch seine Aussage in Schack [1972] bezüglich des CO_2 falsch ist.

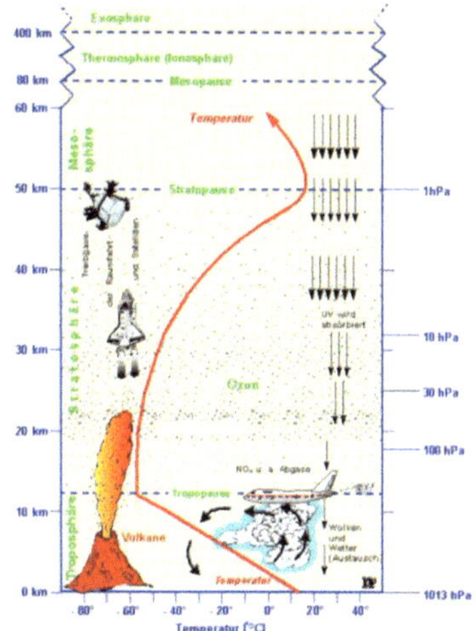

Diagr. A.6.: Der Stockwerkaufbau der Atmosphäre
[Gampper, 2021, S. 14]

Für eine (im Mittel) konstante Temperatur müssen sich Thermalisierung und Wärmeaustrag die Waage halten, und dafür reicht die geringe Menge an Treibhausgasen in der Atmosphäre (was einige Skeptiker fälschlich bezweifeln): Ruhende Luft hat eine sehr geringe Wärmeleitfähigkeit, für die Atmosphäre ist das eine fast ideale Wärmedämmung. Der ruhende Wärmeleitungskoeffizient der Luft ist $< 0{,}03\,W/\mathrm{m}\,K$ und die Temperaturdifferenzen sind unter $10\,K/\mathrm{km}$. Daraus folgt ein anteiliger Wärmestrom durch Wärmeleitung von kleiner $0{,}3\,mW/\mathrm{m}^2$. Dieser Wärmestrom ist also klein gegen die Wärmeströme aus den übrigen Vorgängen mit über $100\,W/\mathrm{m}^2$ (Strahlung, Konvektion, Adiabatik).

Natürlich hat der »geringe« Anteil an Treibhausgasen in der Atmosphäre Auswirkungen. Auch aufgrund der geringen Wärmeleitfähigkeit der Luft ergibt sich allerdings eine lange Verzögerungszeit, mit der sich die Temperatur der ganzen Luft als Folge von Strahlungsänderungen auf einen anderen Wert, d.h. auf das neue Gleichgewicht einstellt. Demzufolge sind die Temperaturänderungen in der Stratosphäre im Tagesgang gering und auch in längeren Zeiträumen fast vernachlässigbar. Erst über sehr lange Zeiträume ist die Veränderung des Durchschnitts signifikant. Die zum Erreichen des Gleichgewichts nötigen Zeiten waren schon vor sehr langer Zeit untersucht worden - siehe z.B. Natanson [1888].

Durch das Zusammenwirken von Sonnenstrahlung, Absorption, Emission, Konvektion usw. entsteht der beobachtete Temperaturverlauf in der Atmosphäre. In Diagramm A.6 ist der große Unterschied der Temperaturgradienten ober- und unterhalb der Tropopause zu sehen. Oberhalb der Tropopause besteht weitgehend ein Strahlungsgleichgewicht, darunter ein adiabatisches Gleichgewicht[6]. Diagramm

---

[6]Steigt eine Luftmasse auf, so sinkt der Druck auf die Luftmasse. Findet diese Zustandsänderung adiabatisch, d.h. ohne Wärmeaustausch mit der Umgebung statt, so hat jede Druckänderung eine entsprechende Temperaturänderung zur Folge.

A.7 erklärt diesen Sachverhalt. Obwohl Schwarzschilds Hauptinteresse der Sonnenatmosphäre galt, ist dieser Sachverhalt schon 1906 von Schwarzschild [1906] beschrieben worden. Zitat:

> Von besonderem Interesse ist ein Vergleich der Temperaturgradienten beim Strahlungs- und beim adiabatischem Gleichgewicht. Ist nämlich der Temperaturgradient kleiner als bei adiabatischem Gleichgewicht, so gerät eine aufsteigende Luftmasse in Schichten, welche wärmer und dünner als sie selbst sind, sie erfährt daher einen Druck nach unten. Ebenso erfährt dann eine absteigende Luftmasse einen Druck nach oben. Ein Gleichgewicht mit kleinerem Temperaturgradienten als das adiabatische, ist daher stabil, umgekehrt eines mit größerem Temperaturgradienten instabil.

Das ist das Schwarzschild-Kriterium[7].

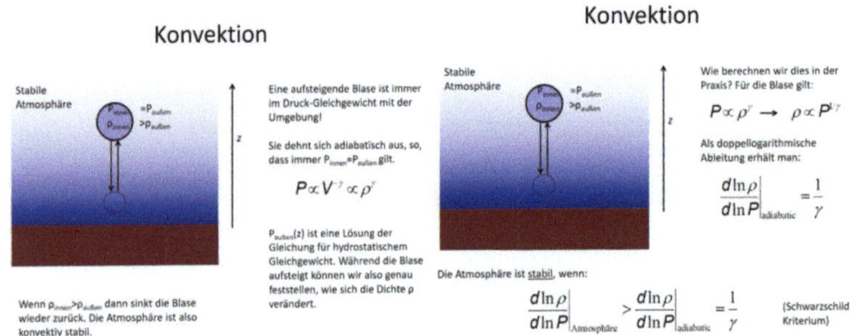

Diagr. A.7.: Kompressionswirkung der Atmosphäre (Aus [Dullemond and Klessen, 2018, Folie 22 und 23]). Während des Aufstiegs der Blase können wir also genau feststellen, wie sich die Dichte ϱ verändert.

Instabil heißt, dass ein theoretisch hoher Strahlungstemperaturgradient durch Konvektion näherungsweise auf den adiabatischen Wert reduziert wird. Schon Fourier [1827] hatte erkannt, dass der Temperaturgradient ohne Konvektion höher wäre:

> Die Beweglichkeit der Luft, die schnellverschiebbar ist und die aufsteigt, wenn sie erwärmt wird durch die Bestrahlung mit dunkler

---

[7] Die Physik des Schwarzschild-Kriteriums ist so einfach, dass dessen grundlegende Bedeutung von vielen verkannt und von einigen sogar bestritten wird. Hier ein Beispiel für den großen Nutzen (Dullemond and Klessen [2012]):

> Zur Info: In der Praxis hört die Konvektion knapp unterhalb diesem z_{top} auf, und die Atmosphäre ist ab dem Punkt nicht mehr adiabatisch, so dass $\varrho(z_{top})$ nicht exact 0 wird. Bei der Erdatmosphäre ist dies, wo die Stratosphäre anfängt. Bei der Sonne die Chromosphäre.

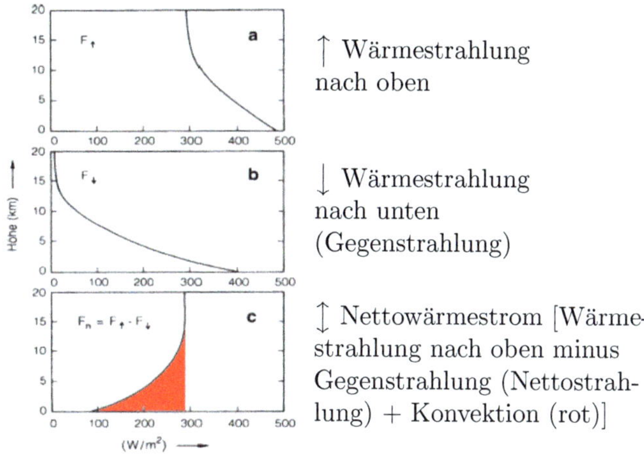

↑ Wärmestrahlung
nach oben

↓ Wärmestrahlung
nach unten
(Gegenstrahlung)

↕ Nettowärmestrom [Wärme-
strahlung nach oben minus
Gegenstrahlung (Nettostrahlung) + Konvektion (rot)]

Diagr. A.8.: Zweistrom-Wärmefluss in der Erdatmosphäre (bearbeitet - die rote Fläche ist näherungsweise
der konvektive Wärmefluss in der Troposphäre)
[Rödel and Wagner, 2011, S. 52, Abb. 1.23]

Wärme, verringert die Intensität der Effekte, die in einer transpa-
renten und unbeweglichen Atmosphäre stattfinden würde, kann diese
aber nicht vollständig verhindern.

Mit dem Schwarzschild-Kriterium lässt sich demzufolge bestimmen, in welcher
Höhe der Übergang vom adiabatischen zum strahlungsbestimmten Temperaturgradienten erfolgt. Diese Grenze wird Tropopause genannt. Entsprechend den Grenzei-
genschaften der Tropopause ist erstens die Konvektion wegen des Übergangs von
adiabatisch zu strahlungsbestimmt schon nahezu Null (oberes Ende der unteren
Schicht - Troposphäre) und zweitens ist der Temperaturgradient schon nahezu adiabatisch (unteres Ende der Schicht darüber - Stratosphäre). Bei Schwarzschild [1906]
liest sich das so:

Im Vordergrunde der Betrachtung stand bisher allgemein das sog.
a d i a b a t i s c h e Gleichgewicht, wie es in unserer Atmosphäre herrscht[8],
wenn sie von auf- und absteigenden Strömungen gründlich durch-
mischt ist. Ich möchte hier auf eine andere Art des Gleichgewichts
aufmerksam machen, welches man als »Strahlungsgleichgewicht« bezeichnen kann.

Die Stärke der Behinderung des Strahlungstransports (durch Absorption und
Emission mit zeitweiser Energiespeicherung) ist im Strahlungsgleichgewicht durch
die Menge der Treibhausgasmoleküle in der Atmosphäre bestimmt. Der Druck an

---

[8] 1906 war möglicherweise noch nicht bekannt, das das weitgehend nur für die
Troposphäre zutrifft.

einer bestimmten Höhe innerhalb der Atmosphäre ergibt sich aus dem Gewicht aller Moleküle in der darüberliegenden (gedachten) Gassäule (im Folgenden „vertikale Menge der Moleküle" genannt). Je nach Betrachtungszweck kann die Menge der Treibhausmoleküle auch in Mengenverteilungen oder Mengenverhältnissen angegeben werden. Da der Druckverlauf in der Atmosphäre der vertikalen Menge aller Moleküle in der Atmosphäre folgt [siehe Gleichung (4.12 auf Seite 25)], muß bei gut gemischten Treibhausgasen bei gleichen Mengenverhältnissen auch die Menge der Treibhausmoleküle der Menge aller Moleküle (bzw. dem Druckverlauf) folgen.

Die große Bedeutung der Konvektion wird mit der linken Fläche in Diagramm (A.8 c auf Seite 55) prinzipiell verständlich. Die senkrechte rechte Begrenzung der linken Fläche (konstanter Nettowärmefluss) ist nur eine Näherung, da der Nettowärmefluss nach oben (Strahlung + Konvektion) durch weitere Prozesse modifiziert wird. Der konvektive Anteil am Nettowärmestrom ist dabei rot eingefärbt.

Wieso Konvektion? Schwarzschild hatte schon beschrieben, daß beim entsprechenden Wert des Temperaturgradienten Instabilität (Konvektion) einsetzt. Da der Strahlungswärmewiderstand bei gleichen Druckunterschieden gleich ist, sinkt wegen des konstanten (adiabatischen) Temperaturgradienten in der Troposphäre bei gleichen Druckunterschieden der dazugehörige Temperaturunterschied. Eine kleinere Temperaturdifferenz bedeutet einen kleineren Strahlungswärmestrom; es entsteht eine Differenz zum Gesamtwärmestrom. Diese Differenz gleicht der konvektive Wärmestrom aus.

Die Oberflächentemperatur stellt sich so ein, dass die Abstrahlung an der Oberseite der Atmosphäre in den Weltraum näherungsweise gleich der absorbierten Solarstrahlung ist. Ist die Oberflächentemperatur niedriger als der Gleichgewichtswert, wird weniger Wärme abgestrahlt, so dass Energie gespeichert wird und die Oberflächentemperatur steigt. Ist die Oberflächentemperatur höher als der Gleichgewichtswert, wird zu viel Wärme abgestrahlt, so dass netto Wärme verlorengeht und die Oberflächentemperatur sinkt. Der Übergang vom Nichtgleichgewichtswert zum Gleichgewichtswert erfolgt langsam, was besonders bei saisonalen Schwankungen der CO_2-Konzentration zu sehen ist.

A.3. Kugelwelle

Ein schönes Beispiel für die Erklärung der Rundumstrahlung der Emission ist die Kugelwelle. Vor Einstein [1916] war die Meinung verbreitet, dass jeder Körper die Wärme in Kugelwellen abstrahlt. Dazu [Wien, 1894, S. 147]:

> Bei auffallenden Kugelwellen ergibt sich der Druck jedes mal aus der Energie und der Richtung der Wellennormale.

Ergänzend dazu [Wien, 1894, S. 134]:

> Denn es werden die warmen Körper solange Energie aussenden, bis in jedem irgendwie gerichteten Strahlenbündel überall gleichviel Energie nach beiden Seiten fliesst.

Das heißt z.B. auch nach oben und unten. Ergänzend dazu [Wien, 1894, S. 139]:

> Wir sahen bereits, dass in der Strahlung schwarzer Körper keine Vorzugsrichtungen vorhanden sein können.

Ergänzend dazu [Wien, 1900, S. 536]:

> ..., dass die Anzahl der Molecüle durch den zweiten Hauptsatz not-
> wendig wird, weil die Irreversibilität und damit die Herstellung des
> Wärmegleichgewichtes nur erst durch das Zusammenwirken einer gros-
> sen Anzahl von Molecülen hervorgerufen wird.

A.4. Einführung der Photonen

Wie bereits beschrieben, werden in der Atmosphäre elektromagnetische Wellen im Infrarotbereich absorbiert und emittiert. Dazu werden weitere Grundlagen erläutert, die vielen Diskutanten erfahrungsgemäß nicht ausreichend bekannt sind.

Bei der Wechselwirkung zwischen den Gasmolekülen und der Strahlung wird in den Molekülen vorübergehend Energie gespeichert. Damit behindert die Atmosphäre den Strahlungstransport. Diese Tatsache wurde grob schon von Fourier [1827] beschrieben[9] und für die Emission wurde lange Zeit eine Abstrahlung in Kugelwellenform angenommen (siehe Abschnitt A.3 auf der vorherigen Seite). Einstein [1916] fand zu einem neuen Verständnis dieser Wechselwirkung. Seine Darstellung des Elementarprozesses der Emission eines Photons enthält eine ausführliche Erklärung:

> Ausstrahlung in Kugelwellen gibt es nicht. Das Molekül erleidet in
> einer beim jetzigen Stande der Theorie nur durch den „Zufall" be-
> stimmten Richtung bei dem Elementarprozeß
>
> $\vdots$
>
> daß sie Zeit und Richtung der Elementarprozesse dem „Zufall" überläßt
>
> $\vdots$
>
> Aber im allgemeinen begnügt man sich mit der Betrachtung des
> Energie–Austausches, ohne den Impuls–Austausch zu berücksichti-
> gen. Man fühlt sich dazu leicht berechtigt, weil die Kleinheit der
> durch die Strahlung übertragenen Impulse es mit sich bringt, daß
> letztere gegenüber anderen bewegungserzeugenden Ursachen in der
> Wirklichkeit fast stets zurücktreten. Aber für die theoretische Be-
> trachtung sind jene kleinen Wirkungen neben den ins Auge fallenden
> der Energie–Übertragung durch Strahlung als durchaus gleichwertig
> anzusehen, ...

---

[9] Die einfallende Strahlung von der Sonne wird von Fourier als helle Wärme und die Abstrahlung von der Erdoberfläche im Infrarotbereich als dunkle Wärme bezeichnet. Die Wellenlängenabhängigkeit der Absorption (Emission) in der Atmosphäre hat zur Folge, daß der Absorptionsgrad heller Wärme geringer ist als der Absorptionsgrad dunkler Wärme. Mit «Behinderung der Ausbreitung dunkler Wärme» ist die (stärkere) Absorption (und Emission) von Infrarot-Strahlung gemeint.

A. *Grundlagenwissen*

Diese Ausführungen von Einstein aus dem Jahre 1916 sind später inhaltlich voll bestätigt worden:

- Der Durchschnittswert über genügend viele und häufige Elementarprozesse muss den Impuls Null liefern [entsprechend dem Nullimpuls der Kugelwelle - den auch das Korrespondenzprinzip der Quantentheorie nahelegt (Hund [1975]), d.h. die Wahrscheinlichkeit der Richtung für jeden Elementarprozess muss über den vollen Raumwinkel gleichverteilt sein].
- Wärme kann nicht in beliebig kleinen Portionen gespeichert oder transportiert werden. Das wurde mit der Quantentheorie erkannt und ist mit $E = h\nu$[10) seit Planck [1906] bekannt. Die kleinstmöglichen Energiemengen können z.B. mittels Photonen übertragen werden. Diese haben weder Masse noch Temperatur, jedoch eine Frequenz, einen Impuls und Energie. Impuls und Energie eines Photons sind proportional zu seiner Frequenz.
- Temperatur und Entropie kommen erst ins Spiel, wenn es viele Beteiligte gibt. Die einzelnen Geschwindigkeiten, Richtungen usw. sind Zufallsgrößen, deren Mittelwerte von der Temperatur abhängen.
  Aber auch einem Photonenstrom sind Temperatur und Entropie zuzuordnen (Wien [1894]). Diese Tatsache wird extra genannt, weil sie manchmal bezweifelt wird, obwohl Photonenströme beim Treibhauseffekt eine wesentliche Rolle spielen bzw. eine Temperatur haben.
- Das einzelne Photon hat auf dem Weg von der Emission zur Absorption keine weiteren verborgenen Eigenschaften. In Experimenten wurde nachgewiesen, daß es keine verborgenen Parameter gibt (Bellsche Ungleichung) Göhring [2018]. Für die Absorption von Photonen macht es daher keinen Unterschied, ob diese von der Sonne oder von der Atmosphäre (Gegenstrahlung) emittiert wurden.
- Auch ein einzelnes Molekül hat keine Temperatur. Im Gas hat ein einzelnes Molekül Geschwindigkeit und Richtung. Dazu kommen verschiedene mögliche Anregungszustände.
- Ein angeregtes Molekül kann ein Photon emittieren. Da ein einzelnes Molekül keine Temperatur hat, kann auch dem emittierten Photon keine Temperaturinformation mitgegeben werden.
- Wird ein Photon von einem Molekül emittiert, so ist weder bekannt, wo bzw. von wem es absorbiert wird, noch ob der Absorber zu einem wärmeren oder kälteren Körper gehört.
  Das ist eine vereinfachte Darstellung, denn die quantentheoretische Erklärung im Rahmen einer mikrophysikalischen Betrachtung ist komplexer. So können z.B. bei so genannten Verschränkungen Wirkungen über Tausende von Kilometern auftreten (von Einstein als »spukhafte Fernwirkung« bezeichnet). Die dafür notwendigen Voraussetzungen sind beim Treibhauseffekt aber nicht gegeben.
- Ein absorbiertes Photon überträgt auf den Absorber seine Energie und seinen Impuls. Ein reflektiertes Photon überträgt dem Reflektor den doppelten Impuls, aber keine Energie.
- Werden viele Photonen emittiert, muss der Mittelwert der Impulse Null sein (siehe S. 58).
- Wodurch unterscheidet sich die Strahlung eines wärmeren Körpers von der eines kühleren? Durch die Menge der emittierten Photonen und die Wellenlängenverteilung der Photonen. Da sich mit der Entfernung vom Emissionsort die Menge

---

[10) E: Energiemenge, h: Plancksches Wirkungsquantum (Wikipedia [2021d]) $=$ $6{,}626\,070\,15 \times 10^{-34}\,\mathrm{J\,s}$, ν: Frequenz

der Photonen auf eine immer größere Fläche verteilt, nimmt die Intensität mit zunehmender Entfernung (z.B. Sonne - Erde) ab und kann auf das Niveau näherer und kühlerer Quellen sinken.

A.5. Angeregte Zustände

In seinem Paper hat Einstein [1916] alle Gleichungen aufgeführt, die wesentlich für die Atmosphäre sind. Manche Gleichungen sind umzustellen und Zahlenwerte einzusetzen. Angefangen wird mit Gleichung (5) aus Einstein [1916]:

$$W_n = p_n e^{-\varepsilon_n/kT} \tag{A.2}$$

W_n Häufigkeit des Zustandes n, p_n Geschwindigkeit des Zustandes n, ε_n Energie des Zustandes n, k B o l t z m a n nsche Konstante. Hier interessieren die Zustände 1 und 2.

$$W_1 = p_1 e^{-\varepsilon_1/kT} \text{ und } W_2 = p_2 e^{-\varepsilon_2/kT} \quad \Rightarrow \quad \frac{W_2}{W_1} = \frac{p_2}{p_1} e^{-(\varepsilon_2 - \varepsilon_1)/kT} \tag{A.3}$$

Als Beispiel für die Atmosphäre sei die CO_2-Linie bei $15{,}3\,\mu$m bei $280\,$K ($\approx 7\,°$C) dargestellt. Bei dieser Linie sind die Gewichte $p = 1$. Die Differenz $\varepsilon_2 - \varepsilon_1$ ist der Quant $h\nu$ des Übergang, also $W_2/W_1 = e^{-h\nu/kT}$.

$$\begin{aligned}
\lambda \quad &= 15{,}3\,\mu\text{m} \mathrel{\widehat{=}} \tilde{\lambda} = 650\,\text{cm}^{-1} \mathrel{\widehat{=}} \nu = 19{,}6 \times 10^{12}\,\text{Hz} \\
h \quad &= 6{,}62 \times 10^{-34}\,\text{J s} \\
k \quad &= 1{,}38 \times 10^{-23}\,J/\text{K} \\
T \quad &= 280\,\text{K} \\
h\nu/kT \quad &= 3{,}36
\end{aligned} \tag{A.4}$$

Daraus folgt $W_2/W_1 = e^{-3.36} = 0.0347 = 3{,}47\,\%$. Dieses Verhältnis ist eben auch das Verhältnis der Besetzungszahlen N_2/N_1.

Allerdings fehlt in der Gleichung mit den Koeffizienten B noch ein weiterer Term - der A-Term. Ohne diesen Term ist die Hohlraumstrahlung nicht abzuleiten. Der fehlende Term war schon früher bekannt, wenn er auch noch nicht als A-Term bezeichnet wurde (spontane Emission). Auf diesen Tatbestand weist Einstein in seinem Paper hin. Obwohl die ungerichtete spontane Emission durch den A-Term von Klimaskeptikern gerne geleugnet wird, ist bei Wien und anderen die Begründung aufgeführt. Ohne diesen Term würde z.B. der II. Hauptsatz der Wärmelehre verletzt.

Dadurch lautet die vollständige Bilanzgleichung bei Einstein [1916] [vor Gleichung (6)] (ρ Feldstärke im Hohlraum):

$$p_n\, e^{-\frac{\varepsilon_n}{kT}}\, B_n^m\, \rho = p_m\, e^{-\frac{\varepsilon_m}{kT}}\, (B_m^n\, \rho + A_m^n) \tag{A.5}$$

Ausgeklammert ergibt sich:

$$\underbrace{p_n\, e^{-\frac{\varepsilon_n}{kT}}\, B_n^m\, \rho}_{\substack{\textit{absorbierte} \\ \textit{Photonen}}} = \underbrace{p_m\, e^{-\frac{\varepsilon_m}{kT}}\, B_m^n\, \rho}_{\substack{\textit{induziert emittierte} \\ \textit{Photonen}}} + \underbrace{p_m\, e^{-\frac{\varepsilon_m}{kT}}\, A_m^n}_{\substack{\textit{spontan emittierte} \\ \textit{Photonen}}} \tag{A.6}$$

Zum Verständnis tragen auch die Maßeinheiten ([] = Maßeinheit) in Gleichung (A.6) bei:

$$[\rho] = \frac{\text{anteilige Energiedichte}}{\text{im Intervall}} = \frac{Ws}{m^3 Hz} \qquad = \frac{Ws^2}{m^3} \qquad (A.7)$$

$$[A] = \frac{1}{\text{Zeit}} \qquad\qquad = s^{-1}$$

$$[B\rho] = s^{-1} \qquad\qquad \Longrightarrow$$

$$[B] = \frac{s^{-1}}{Ws^2/m^3} = \frac{s^{-1}m^3}{Ws^2} = \frac{m}{kg} \qquad = \frac{s^{-3}m^3}{W}$$

$$[c] = \text{Lichtgeschwindigkeit} \approx 300\,000\,\frac{km}{s} \qquad = 2{,}998 \times 10^8\,\frac{m}{s}$$

Die nachfolgende Umstellung von Gleichung (A.6 auf der vorherigen Seite) ist zweckmäßig:

$$\left(p_n B_n^m\, e^{-\frac{\varepsilon_n}{kT}} - p_m B_m^n e^{-\frac{\varepsilon_m}{kT}} \right) \rho = p_m\, e^{-\frac{\varepsilon_m}{kT}}\, (A_m^n) \qquad (A.8)$$

Die linke Seite von Gleichung (A.8) zeigt die Absorption und damit die Entnahme von Photonen aus dem Strahlungsfeld ρ. Die rechte Seite zeigt die Abnahme - damit bleiben die Verhältnisse bei den Zustandsdichten gleich, d.h. die absorbierte Energie wird durch spontane und induzierte Emission abgegeben. Daran ändert sich auch nichts, wenn zuerst das absorbierende Molekül durch Zusammenstöße die Energie an andere Moleküle abgibt, da schließlich eines der Moleküle seine Energie abstrahlt. Das schreibt auch Schack:

> Die Absorption der ein Gas durchsetzenden Wärmestrahlung ist im Beharrungszustand genau gleich der Wärmestrahlung dieses Gases. Denn wenn hierbei Abweichungen beständen, würden sich in einem dies Gas erfüllenden Hohlraum von selbst Temperaturdifferenzen bilden, was nach dem zweiten Hauptsatz der Thermodynamik nicht möglich ist.

Die gesamte absorbierte Energie muß das Volumen wieder verlassen - sonst käme es ja zu einem fortlaufenden Temperaturanstieg. Wärmeleitung und induzierte Emission reichen dafür nicht, sondern es wird dafür auch die spontane Emission gebraucht. Die Konvektion hilft da nicht, sondern das betreffende Luftvolumen wird nur verlagert. Auch dass es verschiedene Linien gibt, ändert daran nichts, denn dieser Sachverhalt gilt für alle Linien.

Damit kommt der Autor zum letzten Punkt: dem Strahlungstransportwiderstand. Dieser hat nur Bedeutung, wenn ein Strahlungswärmetransport erfolgt. Obwohl die Dichte N_2 temperaturabhängig ist [siehe Gleichung (A.4 auf der vorherigen Seite)] hat sie wegen ihrer geringen Größe kaum Einfluß auf den Absorptionskoeffizienten - aber sie ist bestimmend für die Größe der spontanen Emission, gleicht sie doch die Absorption aus. Wegen der höheren Temperatur am Anfang eines betrachteten Abschnitts wird mehr emittiert als am kühleren Ende. Die Differenz der beiden spontanen Emissionen ist der Wärmetransport, der die Absorption ausgleicht.

Die Absorptionskonstante selbst ist natürlich weder richtungs- noch intensitätsabhängig.

Da der A-Koeffizient und die B-Koeffizienten zusammenhängen, ist es nicht verwunderlich, dass die spontane Emission von manchen vernachlässigt wird. Siehe [Einstein, 1916, Gleichung (8)]:

$$\frac{A_m^n}{B_m^n} = \alpha \nu^3 \tag{A.9}$$

α ist dabei eine universelle Konstante. Auch hier helfen wieder Maßeinheiten [siehe Gleichung (A.7 auf der vorherigen Seite)]:

$$\left[\frac{A}{B\nu^3}\right] = [\alpha] = \frac{s^{-1}}{s^{-3}m^3/W} * \frac{1}{Hz^3} = \frac{s^{-1}Ws^3s^3}{m^3} = \frac{s^5W}{m^3} \tag{A.10}$$

Inzwischen ist der Wert von α[11] bekannt [Moore, 1986, Seite 895]:

$$\alpha = \frac{8\pi h}{c^3} = \frac{8 * 3,14 * 6,62 \times 10^{-34}\,\mathrm{J\,s}}{[2,998 \times 10^8\,m/\mathrm{s}]^3} = 6,17 \times 10^{-58}\,\frac{\mathrm{s^5W}}{\mathrm{m^3}} \tag{A.11}$$

Für die CO_2-Linie [$\nu = 19,6 \times 10^{12}\,\mathrm{Hz}$] wird:

$$\alpha\nu^3 = 6,17 \times 10^{-58}\,\frac{\mathrm{s^5W}}{\mathrm{m^3}}[19,6 \times 10^{12}\,\mathrm{Hz}]^3 = 4,65 \times 10^{-18}\,\frac{\mathrm{s^2W}}{\mathrm{m^3}} \tag{A.12}$$

$$= 4,65 \times 10^{-18}\,\frac{\mathrm{Ws}}{\mathrm{m^3Hz}}$$

Planck:

$$u = \frac{\alpha\nu^3}{e^{\frac{h\nu}{kT}} - 1} \quad \Rightarrow \quad \frac{4,65 \times 10^{-18}\,\frac{\mathrm{s^2W}}{\mathrm{m^3}}}{e^{3,36} - 1} = 1,67 \times 10^{-19}\,\frac{\mathrm{Ws}}{\mathrm{m^3Hz}} \tag{A.13}$$

$$U = \int_0^\infty u\,d\nu = aT^4 \quad \text{mit} \quad a = \frac{8\pi^5 k^4}{15c^3h^3} = 7,57 \times 10^{-16}\,\frac{\mathrm{Ws}}{\mathrm{m^3K^4}} \tag{A.14}$$

$$= 7,57 \times 10^{-16}\,\frac{\mathrm{Ws}}{\mathrm{m^3K^4}} * (280\,\mathrm{K})^4$$

$$= 4,65 \times 10^{-6}\,\frac{\mathrm{Ws}}{\mathrm{m^3}}$$

[11] **Anmerkung:** Das gleiche Symbol α wird auch für die Sommerfeld-Konstante benutzt, ist aber eine andere Größe.

B. Ergänzungen und Zitate

B.1. Warum Zitate?

Veröffentlichungen früherer Wissenschaftler haben die Wissenschaft vorangetrieben. Manche neueren Ergebnisse der Wissenschaften sind leichter zu verstehen, wenn die Vorgeschichte anhand von Zitaten nachvollziehbar gemacht wird. Oft liefern bereits die alten Hypothesen prinzipiell zutreffende Ergebnisse, neuere Veröffentlichungen präzisieren und erweitern aber die Erkenntnis. So ist z.B. die Entropie eines Wärmestrahls mit der Photonenvorstellung besser verständlich.

B.2. Zweiter Hauptsatz

B.2.1. Der Zufallscharakter der Entropie

Wärme ist nicht gleich Wärme. Der Wärme ist eine Qualität zuzuordnen. Auch mit dem Wärmeinhalt eines großen Eisblocks kann man kein Wasser kochen. Betrachtet man die Teilchen eines Körpers, stellt man eine gewisse Unordnung fest, die sich mit der Temperatur ändert. Als Maß für die Unordnung und damit für die Qualität der Wärme wurde die Entropie eingeführt. Sehr deutlich und sehr stark steigt diese Unordnung bei z.B. dem Schmelzen eines Eisblocks zu Wasser.

Die Entropie ist also eine Vielteilchengröße, wobei die Einzelteilchen durch mehrere unterschiedliche Größen (Ort, Geschwindigkeit, Richtung usw.) beschrieben werden.

Bei Gasen wird die Geschwindigkeitsverteilung der vielen Moleküle weitgehend durch die Maxwell-Boltzmann-Verteilung (Wikipedia [2021c]) beschrieben. Bei dieser theoretischen Verteilung handelt es sich um eine stetige Verteilung. Das steht insofern im Widerspruch zur Realität, als es bei N Molekülen (ganz gleich wie groß N ist) nur N verschiedene Geschwindigkeiten geben kann; die reale Geschwindigkeitsverteilung ist also eine diskrete Geschwindigkeitsverteilung. Eine stetige Geschwindigkeitsverteilung würde ∞ viele Geschwindigkeiten der ∞ vielen Einzelmoleküle voraussetzen (Natanson [1888]):

> Bereits M a x w e l l hat hervorgehoben, dass dieses Gesetz nur annähernd
> in der Natur erfüllt sein könnte, da es in voller Strenge nur auf den
> Fall von unendlich grossem N anzuwenden wäre.

Bei jedem Zusammenstoß von Molekülen ändert sich die diskrete Geschwindigkeitsverteilung der Moleküle etwas, bleibt aber stets nahe der stetigen Maxwell-Boltzmann-Verteilung. Aus dem I. Hauptsatz der Thermodynamik folgt, dass die Summe der kinetischen Energie der N Moleküle bei den Zusammenstößen erhalten bleiben muss. Auch die Entropie der N Moleküle ändert sich mit jedem Zusammenstoß ein wenig, wobei es unwahrscheinlich ist, weit vom wahrscheinlichsten Wert abzuweichen.

B. Ergänzungen und Zitate

Die Wahrscheinlichkeitsverteilungen werden auch als Grad der Unordnung bezeichnet. Grundsätzlich kann Unordnung (analog der Entropie) nur zunehmen. Zufällig kann bei einer Änderung der Unordnung aber auch einmal etwas weniger Unordnung entstehen (d.h. es kann zu einer geringfügigen Entropieabnahme kommen).

Zufallsverteilungen werden durch mathematische Gesetze beschrieben (Bose-Einstein-Statistik, Maxwell-Boltzmann-Verteilung, stetige Normalverteilung, diskrete Normalverteilung usw.). Diese beinhalten auch Aussagen zu Abweichungen von dem wahrscheinlichsten Wert. Die tatsächliche Entropie braucht daher nicht genau mit der berechneten übereinzustimmen. Bei einer großen Vielzahl an Beteiligten (z.B. einer großen Menge von Molekülen oder der großen Zahl der Mitspieler beim Lotto) sind die Abweichungen vom wahrscheinlichsten Wert meistens vernachlässigbar gering (was der Grund dafür ist, warum die wenigsten Lottospieler jemals einen Sechser erzielen).

Zur Problematik des II. HS ist bei Broda [1985] zu lesen:

> Anfangs wollte Planck die Abhängigkeit der Strahlungsintensität von Wellenlänge und Temperatur allein mit Hilfe der klassischen Thermodynamik und des Elektromagnetismus erklären, ohne dabei die statistische Mechanik zu verwenden. Er machte dabei bedeutende Fortschritte. Es gelang ihm vor allem, eine grundlegende Beziehung zwischen dem Energieinhalt von im Schwarzen Körper vermuteten Oszillatoren und dem Energieinhalt des Strahlungsfeldes abzuleiten. Diese Oszillatoren waren eine rein formale Annahme und hatten mit Atomen nichts zu tun. Eine endgültige Lösung des Problems gelang Planck aber nicht. Plancks anfängliches Versagen brachte ihn 1900 zu dem Entschluß Boltzmanns Statistik, das heißt Atomistik, auf seine Oszillatoren anzuwenden. Es gelang Planck, wie er später sagte, nach einigen Wochen anstrengender Arbeit ein Gesetz aufzustellen, das die Versuchsresultate seiner Kollegen gut erklärte und das seither gültig geblieben ist.

Aus dieser Referenz (Broda [1985]) noch ein Zitat in Anlehnung an die Behauptung so genannter „Skeptiker", sie wollten Dogmen einer „Klimakirche" infrage stellen:

> ... hat Mach noch immer gegen die - wie er sie nannte - „Schule" oder „Kirche" der Atomisten Einwände erhoben.

Der damalige Kampf gegen eine „Atomistenkirche" war so sinnlos wie der heutige Widerstand gegen eine angebliche Klimakirche.

B.2.2. Zitate, unter anderem zur Gegenstrahlung

Jeder Körper[1], der eine Temperatur über dem absoluten Nullpunkt hat (null Kelvin), gibt Wärmestrahlung ab, die desto geringer ist, je niedriger die Temperatur ist. Die Wärmeabgabe ist unabhängig von der Umgebung und den Körpern darin. Deshalb geben kältere Körper via Wärmestrahlung Wärme auch an wärmere Körper ab (wenngleich der Wärmestrom in Gegenrichtung natürlich überwiegt).

Bei Entropieberechnungen (siehe Kapitel B.2.1 auf der vorherigen Seite) ist vorzugsweise vom Nettowärmetransport auszugehen (Wien [1894]). Bei Strahlung hat

---

[1]Im physikalischen Sinne ist jede Materie ein Körper

ein Photon zwar Energie, aber keine Entropie, denn die Entropie ist eine Vielteilchengröße (z.B. der Photonen) mit zufälligen Verteilungen der Größen Energie (Wellenlänge) und Impuls[2].

Wer die Existenz der Gegenstrahlung bzw. deren Beitrag zur Oberflächentemperatur bestreitet, beruft sich dazu gerne auf Clausius. Bei [Clausius, 1887, S. 315] steht aber:

> Der von mir zum Beweise des zweiten Hauptsatzes aufgestellte Grundsatz, dass die Wärme nicht von selbst (oder ohne Compensation) aus einem kälteren in einen wärmeren Körper übergehen kann, entspricht in einigen besonders einfachen Fällen des Wärmeaustausches der alltäglichen Erfahrung. Dahin gehört erstens die Wärmeleitung, welche immer in dem Sinne vor sich geht, dass die Wärme vom wärmeren Körper oder Körpertheile zum kälteren Körper oder Körpertheile strömt. Was ferner die in gewöhnlicher Weise stattfindende Wärmestrahlung anbetrifft, so ist es freilich bekannt, dass nicht nur der warme Körper dem kalten, sondern auch umgekehrt der kalte Körper dem warmen Wärme zustrahlt, aber das Gesamtresultat dieses gleichzeitig stattfindenden doppelten Wärmeaustausches besteht, wie man als erfahrungsmässig feststehend ansehen kann, immer darin, dass der kältere Körper auf Kosten des wärmeren einen Zuwachs an Wärme erfährt.

Von Temperaturänderungen ist bei [Clausius, 1887, S. 315] keine Rede, sondern nur von transportierten Wärmemengen. Zur Bestimmung von Temperaturänderungen sind alle Wärmeänderungen und die Eigenschaften der Körper zu berücksichtigen.

Beim Treibhauseffekt ist der kalte Körper die Atmosphäre und der warme Körper die Erdoberfläche. Tatsächlich ist es so, »dass der kältere Körper auf Kosten des wärmeren einen Zuwachs an Wärme erfährt« und zugleich »der kalte Körper dem warmen Wärme zustrahlt«; diese Strahlung ist die Gegenstrahlung. Die Erdoberfläche kühlt nicht aus, da sie zusätzlich von der Sonne erwärmt wird. Und die Atmosphäre wird nicht wärmer, da sie Wärme ins Weltall abstrahlt.

Die Aufteilung der Nettostrahlung in Gegenstrahlung und Gegenrichtung findet sich schon bei [Stefan, 1879, S. 400], dem oft zitierten Autor des Stefan-Boltzmann-Gesetzes:

> Man kann also auch den durch die Leitung der Luft bedingten Wärmeverlust der inneren Kugel betrachten als das Resultat von zwei Wärmeströmen, von denen der eine von der Kugel zur äußeren Hülle, der zweite in umgekehrter Richtung vor sich geht, jeder unabhängig von dem anderen. Es verhält sich also der Wärmeaustausch durch Leitung analog jenem, welcher zwischen verschieden warmen Körpern durch Strahlung vermittelt wird.

[Stefan, 1879, S. 411] (»Überschuß« ist ein anderes Wort für Nettostrahlung):

> Die absolute Größe der von einem Körper ausgestrahlten Wärmemenge kann durch Versuche nicht bestimmt werden. Versuche können nur

---

[2]Der Impuls ist das Produkt aus Masse und Geschwindigkeitsvektor. Da die Photonen Lichtgeschwindigkeit haben, können sich die Geschwindigkeitsvektoren nur in der Richtung unterscheiden. Bei gleicher Wellenlänge hat jedes Photon die gleiche Masse.

den Überschuss der von dem Körper ausgestrahlten über die von ihm gleichzeitig absorbierte Wärmemenge geben, welch' letztere von der ihm aus der Umgebung zugestrahlten Wärme abhängig ist.

[Stefan, 1879, S. 420]:

Ein derartiger Strahlungsvorgang findet tatsächlich zwischen der Erde und dem Weltraume statt und man kann eine untere Grenze für den Wert H_0 gewinnen, wenn man die Wärmemenge, welche die Erde von der Sonne empfängt mit derjenigen vergleicht, welche sie in den Weltraum abgeben muss, damit der Zustand, in welchem sie sich gegenwärtig befindet, herbeigeführt wird.

Obwohl bei der theoretischen Betrachtung des Treibhauseffektes oft mit der Entropie (dem II. HS der Thermodynamik) argumentiert wird, lassen einige Diskutanten auch heute noch erhebliche Verständnisdefizite erkennen. Dabei hatte schon [Planck, 1900b, S. 721] geschrieben:

Soviel ich weiss, gibt es immer noch Physiker, welche die Ansicht vertreten, dass man nicht von der Temperatur eines Wärmestrahles an sich sprechen darf, sondern nur von der Temperatur des Körpers, welcher den Strahl emittiert.

Im weiteren Text führt Planck aus, zu welchem Physikunsinn diese falsche Ansicht führt (z.B. [Planck, 1900a, S. 99]):

In der Tat: Läßt man die vom Körper emittierten Strahlen wieder auf ihn zurückfallen, *etwa durch geeignete Spiegelung*, so wird der Körper diese Strahlen zwar wieder absorbieren, aber notwendigerweise gleichzeitig neue Strahlen emittieren, und hierin liegt die vom zweiten Hauptsatz geforderte Kompensation. Allgemein kann man sagen: Emission ohne gleichzeitige Absorption ist irreversibel, während dagegen der umgekehrte Vorgang: Absorption ohne gleichzeitige Emission, in der Natur unmöglich ist[3].

und [Planck, 1900a, S. 92]:

Denn da durch den Akt der Emission Körperwärme in Strahlungswärme verwandelt wird, so nimmt hierbei die Entropie des emittierenden Körpers ab, und dafür muß nach dem Satz der Vermehrung der Gesamtentropie als Kompensation eine andere Form der Entropie auftreten, welche durch nichts anderes bedingt sein kann als durch die Energie der emittierten Strahlung.

---

[3] Um den *angeblichen Unsinn* der Gegenstrahlung zu beweisen, kommen einige Klimaskeptiker mit wenig Physikwissen auf die Idee die hohe Stärke der Gegenstrahlung für Kraftwerke zu nutzen. Sie wissen nicht, dass jedes Gerät für diese *Nutzung* mehr abstrahlt, als es absorbiert - also insgesamt eine Energieabgabe und kein Energiegewinn.

[Planck, 1900a, S. 69] drückt die Strahlungsaussage von Clausius mit anderen Worten aus, indem er von allen gleichzeitig ablaufenden Vorgängen einen hervorhebt [d.h. er schließt nicht aus, daß weitere Vorgänge geschehen (Heizen des Körpers, weitere Strahlenabsorbtion usw.)]:

> Dass auch die strahlende Wärme den Forderungen des zweiten Hauptsatzes Genüge leistet, dass z.B. die gegenseitige Zustrahlung verschieden temperirter Körper immer im Sinne einer Ausgleichung ihrer Temperaturen erfolgt, ist wohl allgemein unbestritten, und schon G. Kirchhoff hat hierauf seine Theorie des Emissions- und Absorptionsvermögens der Körper gegründet.

Zur Abrundung noch einmal [Planck, 1906, S. 48]:

> ..., da die Änderungen der Körperwärme des Stäubchens selbst bei endlichen Temperaturänderungen desselben gar nicht in Betracht kommen. Das Kohlestäubchen spielt dann lediglich die Rolle einer auslösenden Wirkung, ...

C. Höldersche Ungleichung

Die Höldersche Ungleichung erlaubt es, trotz nichtlinearer Zusammenhänge zwischen zwei Größen Grenzwerte zu bestimmen. Für den hypothetischen Fall einer Erde ohne Treibhauseffekt soll z.B. nun die obere Schranke der Oberflächentemperatur errechnet werden.

Temperaturen (T), Strahlungswerte (S) und deren Zusammenhang spielen eine große Rolle zum Verständnis des Treibhauseffekts. Grundlage ist das Stefan-Boltzmann-Gesetz (Stefan [1879]):

$$S = \varepsilon\sigma T^4 \qquad \text{mit} \qquad \sigma = 5{,}670 \times 10^{-8}\,\frac{\text{W}}{\text{m}^2\text{K}^4} \tag{C.1}$$

σ ist die Stefan-Boltzmann-Konstante und ε die wellenlängen-gemittelte Emissions-(Absorptions-)Konstante. Im Infrarotbereich ist über den größten Teil der Erdoberfläche ε nahezu 1 und wird deshalb im weiteren weggelassen.

Selbst das Stefan-Boltzmann-Gesetz ist eine Wahrscheinlichkeitsaussage. Zählt man die ausgesandten Photonen (die ja die emittierte Energie repräsentieren) in einer bestimmten Zeit, so erhält man eine Zufallsverteilung. Speziell für thermische Strahlung gilt die Bose-Einstein-Statistik, die sich von der Normalverteilung unterscheidet, die näherungsweise bei Lasern vorliegt (Mandel and Zou [1989]).

Da wegen T^4 die Beziehung zwischen Strahlungsstärke S und Temperatur T nichtlinear ist, kann bei wechselnden Temperaturen und Strahlungen keine lineare Beziehung existieren. Trotzdem muß eine Beziehung bestehen - und dafür kann die Höldersche Ungleichung verwendet werden (z.B. Stuttgart [2013]):

$$\int_D |f(x)g(x)|dx \leq \left(\int_D |f(x)|^p dx\right)^{1/p} \left(\int_D |g(x)|^q dx\right)^{1/q} \quad \text{mit } 1/p + 1/q = 1 \tag{C.2}$$

Zur Berechnung der Stärke des Treibhauseffektes wählt man für D die ganze Erdoberfläche und lange Zeiten, für $f(x) = T$, für $g(x) = 1$, für $p = 4$ und $q = 4/3$. Da alle Größen positiv sind, sind die Absolutstriche überflüssig, anschließend wird der Integrationsbereich gekürzt. Damit wird:

$$\frac{1}{D}\int_D T * 1 dx \leq \left(\frac{1}{D}\int_D T^4 dx\right)^{1/4} \underbrace{\left(\frac{1}{D}\int_D 1^{4/3} dx\right)^{3/4}}_{=1} \quad \text{mit } 1/4 + 3/4 = 1 \tag{C.3}$$

Die Mittelwerte aus Gleichung (C.3) werden oft mit Winkelklammern dargestellt:

$$\langle T\rangle \leq \langle T^4\rangle^{1/4} * \langle 1\rangle^{3/4} = \langle T^4\rangle^{1/4} \qquad \Rightarrow \qquad \langle T\rangle^4 \leq \langle T^4\rangle \tag{C.4}$$

Entsprechend Gleichung (C.1) wird Gleichung (C.4) mit σ erweitert. Als Konstante kann σ in den Mittelwert einbezogen worden und Gleichung (C.1) angewendet

C. Höldersche Ungleichung

werden:

$$\sigma\langle T\rangle^4 \le \sigma\langle T^4\rangle \quad\Rightarrow\quad \sigma\langle T\rangle^4 \le \langle\sigma T^4\rangle \quad\Rightarrow\quad \sigma\langle T\rangle^4 \le \langle S\rangle \quad\Rightarrow$$
$$\langle T\rangle \le \sqrt[4]{\frac{\langle S\rangle}{\sigma}} \tag{C.5}$$

Die Bedingung für den Fall des Gleichheitszeichens in der Hölderschen Unglei-chung ist, daß alle Werte S und T über den ganzen Integrationsbereich konstant sind. Im Fall der Erdkugel kann diese Konstanz nie eintreten. $\sqrt[4]{\langle S\rangle/\sigma}$ ist zwar eine Temperatur, aber da diese nie erreicht werden kann, sollte man sie nicht Höchst-temperatur, sondern Grenztemperatur nennen[1].

Je nachdem, ob man von $\langle T\rangle$ oder von $\langle S\rangle$[2] ausgeht, ergeben sich verschiedene Schlußfolgerungen. Die durchschnittliche Temperatur in $2\,\mathrm{m}$ Höhe ist ca. $\langle t\rangle = 15\,°\mathrm{C} \mathrel{\widehat{=}} \langle T\rangle = 288\,\mathrm{K}$. Der mittlere Unterschied zwischen der $2\,\mathrm{m}$-Temperatur und der Oberflächentemperatur ist vernachlässigbar gering. Daraus folgt:

$$\langle S\rangle \ge \sigma\langle T\rangle^4 = 5{,}670 \times 10^{-8}\,\frac{\mathrm{W}}{\mathrm{m^2 K^4}}\,(288\,\mathrm{K})^4 = 390\,\frac{\mathrm{W}}{\mathrm{m^2}} \tag{C.6}$$

Damit ist die Abstrahlungsleistung nach oben größer als $390\,W/\mathrm{m^2}$, dazu kommen noch die konvektiv nach oben abgegebenen Wärmeströme [sensitiv (warme Luft) und latent (Verdunstungswärme)] von ca. $100\,W/\mathrm{m^2}$ - also insgesamt über $490\,W/\mathrm{m^2}$.

Häufig wird Kritik daran geübt, von einer gegebenen Strahlungsleistung auszu-gehen. Dabei ist die solare Strahlungsleistung in der Entfernung der Erdbahn zur Sonne unstrittig:

$$1361\,\frac{\mathrm{W}}{\mathrm{m^2}} \qquad\qquad \text{(Wikipedia [2021c])} \tag{C.7}$$

Davon werden gegenwärtig ca. $\mathrm{a} = 30\%$ von der Erde ohne energetische Wechsel-wirkung mit der Atmosphäre von den Wolken und der Oberfläche zurückgestrahlt. Diese Rückstrahlung wird als Albedo (Weißheit) bezeichnet (Wikipedia [2021b]).

Diese Solarstrahlung wird oft als Ausgangspunkt für eine Quantifizierung des Treibhauseffektes benutzt. Dabei werden drei sinnvolle Annahmen getroffen:

1. Die nicht reflektierte Solarstrahlung wird von der Erdoberfläche (und teilweise von der Atmosphäre) absorbiert.
2. Die Energie der absorbierten Solarstrahlung wird wieder abgestrahlt (und für die Höldersche Ungleichung benutzt).
3. Die absorbierte Solarenergie wird kürzer oder länger zwischengespeichert und dementsprechend infolge der Rotation der Erde in unterschiedlichem Winkel-abstand zur Sonnenrichtung (auch nachts) abgestrahlt.

Mit diesen Annahmen kann die obere Grenze für die Temperatur ohne Treibhaus-effekt abgeschätzt werden. Die absorbierte Solarleistung folgt aus der Schattenwir-kung der Erdkugel und betrifft damit den Querschnitt der Erdkugel (πR^2), das Albedo ist $a = 0.3$. Wegen der Speicherung eines Teils der absorbierten Solarstrah-lung in den oberen Schichten der Erdoberfläche (und der Rotation) erfolgt die Ab-

---

[1] Der Mond erfüllt deutlich Gleichung (C.5), ist also deutlich kälter.

[2] $\langle S\rangle$ ist zwar immer die emittierte Strahlung der Oberfläche, aber da im Mittel die emittierte Strahlung fast gleich der absorbierten Strahlung sein muss, braucht in der Regel der Unterschied nicht gesondert angegeben werden. Deswegen spielt auch der Bodenwärmefluss, der tags aufgenommene Wärme auf die Nachtseite transpor-tiert, in der Betrachtung keine Rolle.

70

strahlung von der ganzen Oberfläche der Erdkugel ($4\pi R^2$) - allerdings nicht überall mit der gleichen Intensität. Das Flächenverhältnis zwischen Querschnitt und Oberfläche ist 1 zu 4. Damit kann $\langle S \rangle$ angegeben werden, obwohl die lokale Abstrahlung laufend schwankt, entsprechend den sich verändernden Temperaturen (infolge Einstrahlungsänderung und demzufolge ändernden Bodenwärmestrom). Wegen des Flächenverhältnisses wird durchschnittlich

$$\langle S \rangle = \frac{1}{4} 1361 \, \frac{\text{W}}{\text{m}^2} * (1 - a) = 340{,}25 \, \frac{\text{W}}{\text{m}^2} * 0.7 = 238 \, \frac{\text{W}}{\text{m}^2} \tag{C.8}$$

Das Ergebnis kann man in die Höldersche Un-Gleichung (C.5 auf der vorherigen Seite) einsetzen und erhält mit Gleichung (C.1 auf Seite 69) die Grenztemperatur:

$$\langle T \rangle \leq \sqrt[4]{\frac{238 \, \frac{\text{W}}{\text{m}^2}}{5{,}670 \times 10^{-8} \, \frac{\text{W}}{\text{m}^2 \text{K}^4}}} = 254{,}6 \, \text{K} = -18{,}6\,°\text{C} \tag{C.9}$$

Mit den getroffenen Annahmen für die Quantifizierung beträgt der Treibhauseffekt infolge der Grenztemperatur > 33 K.

D. Weiterer hypothetischer Spezialfall: Ohne Treibhausgase

Gegen einen Treibhauseffekt von $\geq 33\,\mathrm{K}$ (Differenz zwischen gemessener Oberflächentemperatur und Grenztemperatur der Hölderschen Ungleichung) werden Einwände erhoben.

Implizit wird damit behauptet, der reale Temperaturverlauf sei auch ohne Treibhausgase erklärbar. Im Folgenden werden daher einige Aspekte dieses Sonderfalls bis hin zum Wegfall der Atmosphäre betrachtet.

1. Dieser Wert sei unrealistisch, weil konstante Temperaturen und gleichverteilte Strahlungsstärken unrealistisch sind. Das stimmt zwar, dann aber wird «vergessen» zu ergänzen, dass die tatsächlichen Temperaturen und Strahlungsstärken einen größeren Zahlenwert des Treibhauseffekts ergeben.

2. Ein weiterer Einwand betrifft die Größe der Reflexion, d.h. die Albedo. Ein Großteil des gegenwärtigen Albedo wird durch die Wolken verursacht. Ohne Treibhausgase gibt es keine Wolken. Ohne Wolken ändert sich das Albedo aus mehreren Ursachen, weil zwar die Wolkenreflexion wegfällt, aber sich infolge der veränderten Temperaturen auch die Oberflächenbeschaffenheit ändert. Wenn der Wassergehalt der Erde gleich bleibt, wird die Oberfläche weitgehend von Eis und Schnee bedeckt sein. Da Eis und Schnee Albedos bis ca. 0.9 haben, wird das Albedo der Erde erheblich größer sein als heute. Das hätte eine noch geringere Absorption zur Folge, was die Grenztemperatur deutlich erniedrigt (höherer Zahlenwert für den Treibhauseffekt).

3. Im vorigen Punkt wurde von einer idealen Eis- und Schneebedeckung ausgegangen. Die reale Oberfläche, evtl. mit zusätzlicher Staubauflage, könnte auch ein Albedo wie heute verursachen.

4. Ein weiterer Einwand geht davon aus, dass Wasserdampf ja auch ein Treibhausgas ist. Aber wegen der niedrigen Temperaturen ist der Wasserdampfgehalt bedeutend niedriger als heute. Damit sinkt die Grenztemperatur nicht ganz so stark wie bei Einwand 2.

5. Weiterhin gibt es noch den Einwand, das auch der vollständige Wegfall der Atmosphäre in Betracht gezogen werden müsste. Damit fehlt auch der Druck auf die Wasser- und Eisflächen. Folge: Die Siedetemperaturen (Verdampfungspunkt) bzw. die Sublimationstemperaturen des Eises von unter $0{,}01\,^\circ\mathrm{C}$ werden unterschritten (siehe Diagramm D.1 auf der nächsten Seite). Damit hat die Oberfläche kein Wasser mehr (zwar gäbe es zunächst eine Wasserdampfatmosphäre, aber es soll ja keine Atmosphäre mehr vorhanden sein), und das Albedo einer wasser- und pflanzen-freien Oberfläche wäre gegeben. Mit diesem kleineren Albedo würde der Zahlenwert des Treibhauseffekts schwächer ausfallen, so daß die Größe des Treibhauseffektes unter $33\,\mathrm{K}$ liegen dürfte. Nimmt man ein Albedo von nur 5% an, so wird $T_{grenz} \leq 274{,}7\,\mathrm{K} = 1{,}6\,^\circ\mathrm{C}$, also noch immer

D. Weiterer Spezialfall: Ohne Treibhausgase

unter der heutigen Durchschnittstemperatur. Da es sich um die obere Grenze handelt, dürfte die tatsächliche Durchschnittstemperatur noch unter 0,01 °C[1] liegen.

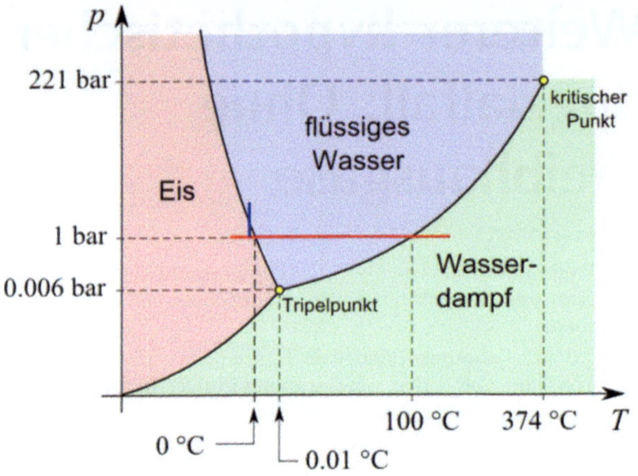

Diagr. D.1.: Phasendiagramm des Wassers. Entnommen aus Embacher [2021]

---

[1] Tripelpunkt des Wassers - siehe Diagramm D.1

E. Prinziplösung des Strahlungsgleichgewichts

E.1. Warum?

Ohne Behinderung durch Absorption und Emission in der Atmosphäre könnte die Strahlung aus dem Weltraum unbehindert die Erdoberfläche erreichen und erwärmen. Die Erdoberfläche wiederum könnte ungehindert die absorbierte Wärme in den Weltraum abstrahlen. In diesem Fall (dem Gleichgewichtszustand) würde sich eine über die gesamte Höhe der Atmosphäre konstante Gastemperatur einstellen, da ein Antrieb für Wärmetransporte fehlt. Bei Änderungen der Einstrahlung aus dem Weltraum würden sich vorübergehend Konvektion und Wärmeleitung einstellen – jedoch nur so lange, bis der Gleichgewichtszustand als Endzustand erreicht ist.

Absorption und Emission bewirken eine Behinderung des Energietransports, so dass sich in der Oberflächenschicht Wärme ansammelt; die Folge ist eine Steigerung der Oberflächentemperatur. Die Berechnung des exakten Temperaturverlaufs der Atmosphäre im Strahlungsgleichgewicht ist kompliziert, weil die Absorptionskonstante wellenlängenabhängig ist. Schon Schwarzschild [1906] hat deshalb nur eine Prinziplösung verwendet, da diese für seine Anwendung hinreichend genau war, und demonstriert, dass Labormessergebnisse als Basis genügen, um einen Temperaturverlauf in der Atmosphäre zu berechnen.

Im folgenden Abschnitt wird aufgezeigt, dass sich bereits bei der vereinfachenden Annahme einer wellenlängenunabhängigen Absorptionskonstante ein Temperaturverlauf in der Atmosphäre einstellt. Die Bedeutung dieser Herleitung liegt darin, dass der Nachweis eines Temperaturverlaufs einer Bestätigung des Treibhauseffekts entspricht.

E.2. Die Strahlungstransportgleichung

Die Strahlungstransportgleichung (Schuster-Schwarzschild-Gleichung: [Simmer, 2006, Folie 49 - 51]) lautet mit $\mathfrak{s}$ als Längenkoordinate des Ausbreitungsweges, ν als Frequenz eines Strahles und κ als Absorptionskonstante:

$$\underbrace{\kappa_\nu(\mathfrak{s})\frac{I_\nu(\mathfrak{s})}{d\mathfrak{s}}}_{\substack{\text{Änderung der Strahlintensität} \\ =\ \text{Energieveränderung} \\ \text{in der Umgebung}}} = \underbrace{I_\nu(\mathfrak{s})}_{\text{Strahlintensität}} - \underbrace{B_\nu(T(\mathfrak{s}))}_{\text{Emissionsterm}} \qquad (\text{E.1})$$

Die Veränderung der Strahlenergie [linke Seite von Gleichung (E.1)] geht natürlich nicht verloren, sondern verändert die Umgebungswärme. Da angeregte Moleküle in alle Richtungen gleichmäßig emittieren, ist $B_\nu(T)$ nur abhängig von der lokalen

Temperatur. Gleichzeitig ist die lokale Temperatur T (und damit $B_\nu(T)$) eine Folge der Absorption und Emission beim Transport der Wärme.

E.3. Vereinfachung

Am Rande von Gasatmosphären ist immer das Strahlungsgleichgewicht bestimmend (Pierrehumbert [2011]), wie Schwarzschild [1906] aufzeigte. Das gilt auch für die Erdatmosphäre. Die Vereinfachung erfolgt in Anlehnung an Schwarzschild [1906] ohne Einführung einer Hilfsgröße (Zitat):

> Es läßt sich also nur unter Voraussetzung des Kirchhoff'schen Gesetzes die Abhängigkeit der Strahlung E von der über der betreffenden Stelle liegenden optischen Masse ableiten.
>
> Will man die Verteilung von Druck und Dichte, die bei Strahlungsgleichgewicht herrscht, kennen lernen, so hat man im Grunde eine detailliertere Untersuchung nötig, welche die Strahlung in den einzelnen Wellenlängen betrachtet. Es genüge hier für eine erste Übersicht die Annahme, daß der Absorptionskoeffizient unabhängig von ...:

Für die Prinziplösung werden alle Strahlrichtungen und Strahlungsfrequenzen zusammengefaßt, und als Höhenkoordinate wird der Druck p verwendet. Alle Strahlungen nach unten werden zu einer Strahlung $I_\downarrow(p)$ und die nach oben zu $I_\uparrow(p)$ zusammengefaßt. Die Absorptionskonstante κ in Druckkoordinaten wird als konstant angenommen, obwohl schwach abhängig von der Konzentration der Treibhausgase, Druck und Temperatur.

Eine wesentliche Größe für die Aufstellung der Gleichungen ist der Emissionsterm B - der allerdings nicht mit dem B-Term der Einstein-Gleichungen verwechselt werden darf. Dieser B-Term ist die Folge der spontanen Emission.

Damit wird der Strahlungstransport mit 2 Gleichungen beschrieben. Weitere Einflüsse wie z.B. die UV-Heizung der Ozonschicht werden nicht berücksichtigt. Ohne Emissionsterm muss die Intensität in Ausbreitungsrichtung stets abnehmen:

$$\kappa\frac{dI_\uparrow}{dp} = I_\uparrow - B(T(p)) \qquad \text{und} \qquad -\kappa\frac{dI_\downarrow}{dp} = I_\downarrow - B(T(p)) \tag{E.2}$$

Da der Nettowärmestrom W aufwärts stattfindet und keine weiteren Wärmequellen in der Atmosphäre angenommen werden, muß die Differenz zwischen $I_\uparrow(p)$ und $I_\downarrow(p)$ konstant sein:

$$I_\uparrow(p) - I_\downarrow(p) = W \qquad \Rightarrow \qquad I_\uparrow(p) = I_\downarrow(p) + W \tag{E.3}$$

Damit wird aus Gleichung (E.2):

$$\kappa\frac{dI_\downarrow + W}{dp} = I_\downarrow + W - B(T(p)) \quad \text{und} \quad -\kappa\frac{dI_\downarrow}{dp} = I_\downarrow - B(T(p)) \tag{E.4}$$

Da W unabhängig von p ist, verkürzt sich Gleichung (E.4):

$$\kappa\frac{dI_\downarrow}{dp} = I_\downarrow + W - B(T(p)) \qquad \text{und} \qquad -\kappa\frac{dI_\downarrow}{dp} = I_\downarrow - B(T(p)) \tag{E.5}$$

Werden die beiden Gleichungen in Gleichung (E.5) (links und rechts) addiert, so wird:

$$0 = 2I_\downarrow + W - 2B \qquad \Rightarrow \qquad I_\downarrow = B - \frac{W}{2} \qquad (E.6)$$

Damit ist zugleich gesichert, daß keine weiteren Energieveränderungen in der Umgebung verursacht werden (= 0). Zur weiteren Auswertung wird Gleichung (E.6) differenziert (die Ableitung von W ist 0):

$$\frac{dI_\downarrow}{dp} = \frac{dB}{dp} \qquad (E.7)$$

Die rechten Gleichungen (E.6) und (E.7) werden in die rechte Gleichung (E.5 auf der vorherigen Seite) eingesetzt:

$$-\kappa * \frac{dB}{dp} = B - \frac{W}{2} - B = -\frac{W}{2} \qquad \Rightarrow \qquad \frac{dB}{dp} = \frac{W}{2\kappa} \qquad (E.8)$$

Die Gleichung (E.8) ist eine einfache Differentialgleichung für B, die durch Integration (mit der Integrationskonstante $1/2$) gelöst wird:

$$B = W * \left(\frac{1}{2} + \frac{p}{2\kappa} \right) \quad \Rightarrow \quad I_\downarrow(0) = \frac{W}{2} - \frac{W}{2} = 0 \text{ und } I_\uparrow(0) = I_\downarrow(0) + W = W \quad (E.9)$$

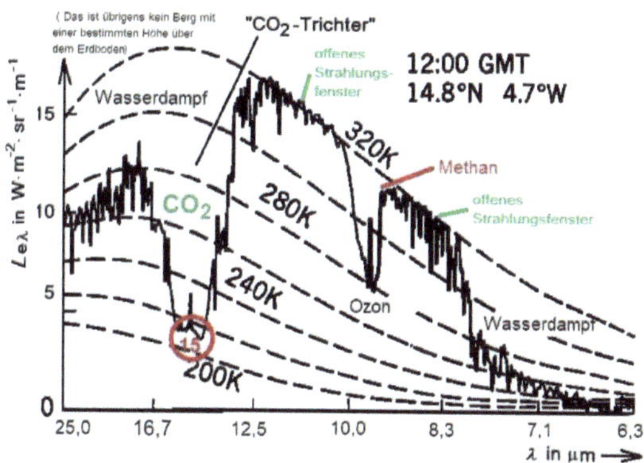

Diagr. E.1.: Nimbus 4 Satellitenspektrum des Erdkörpers mit Atmosphäre (Nordafrika). Im Original [Hanel et al. [1972]] sind statt der Wellenlänge λ in μm die Wellenzahl $\tilde{v}$ in cm^{-1} und die spektrale Strahldichte $L_{e\lambda}$ in der nicht mehr zulässigen Größe $erg \cdot s^{-1} \cdot cm^2 \cdot ster/cm^{-1}$ angegeben. - Das modernisierte Diagramm ist (ausnahmsweise!) einer EIKE-Veröffentlichung entnommen.

E. *Prinziplösung des Strahlungsgleichgewichts*

Zur vollständigen Lösung einer Differentialgleichung gehören auch Randbedingungen. Aus dem Weltraum kommt fast keine Infrarotstrahlung[1]. Die Infrarotstrahlung ist so gering, daß man ohne großen Fehler diese Strahlung gleich 0 setzen kann. Damit ist die Randbedingung oben (bei $p = 0$): $I_\downarrow(0) = 0$ und wird von Gleichung (E.9 auf der vorherigen Seite) erfüllt. B (und damit die Temperatur T) steigt nach unten (zunehmendes p) um so schneller, je kleiner die Absorptionslänge (entspricht κ) ist. Eine Sättigung ist auch bei beliebigen κ nicht vorhanden, obwohl κ von der Konzentration der Treibhausgase abhängt.

Die Beziehung zwischen $B(T)$ und T ist nichtlinear und hängt von der Spektrumverteilung ab. Wären alle Wellenlängen gleich beteiligt, so würde das Stefan-Boltzmann-Gesetz (T^4) gelten.

Die Gleichung beschreibt indirekt auch noch einen weiteren Sachverhalt: Da die Oberflächentemperatur bei dem konstant bleibenden Oberflächendruck ($p_O = 1023\,\text{mbar}$) wegen höherem B (und damit höherer Oberflächentemperatur) zunimmt, steigt die Strahlung in den Weltraum in den Wellenlängenbereichen, wo kaum Absorption stattfindet. Da aber die Gesamtabstrahlung gleich bleiben muß, sinkt W, da ja W ein Teil der Gesamtabstrahlung ist.

Durch die Vereinfachungen (im Wesentlichen nur zwei Strahlrichtungen statt Strahlung in alle Richtungen) ist am Oberrand der Atmosphäre $B = W/2$. B nimmt linear mit steigendem p zu. Ohne die Vereinfachungen würde B am Oberrand der Atmosphäre einen Grenzwert erreichen; der Verlauf wäre aufwändig zu berechnen.

Aber – und das ist das Wichtigste – die Sachverhalte in der Atmosphäre sind damit prinzipiell richtig dargestellt, wenn auch die Zahlenwerte ohne Vereinfachungen etwas anders wären. Unerwähnt bleibt das Einsetzen der Vertikalzirkulation, wenn der Temperaturgradient einen bestimmten kritischen Wert übersteigt (Schwarzschild-Kriterium). Infolge dieser Vertikalzirkulation wird ein Teil der Wärme konvektiv transportiert. Deshalb kommt es zu einem geringeren Anstieg des Temperaturgradienten (nämlich adiabatisch), und darum ist auch die Oberflächentemperatur geringer.

Interessanter als der Druckverlauf von B ist der Höhenverlauf von T. Bei der Sonnenatmosphäre hat Schwarzschild [1906] dafür das Stefan-Boltzmann-Gesetz benutzt, aber auch darauf hingewiesen, daß dies eine Vereinfachung ist, weil die Absorptionskonstante wellenlängenabhängig ist. Aber Schwarzschild [1906] zeigte auch, daß diese Vereinfachung schon gute Ergebnisse liefert. Bei der Erdatmosphäre muss man sich nicht mit einer vereinfachten Rechnung begnügen, da verlässliche Messwerte zur Verfügung stehen. Trotzdem sei nachfolgend die weitere Auswertung gezeigt:

Mit dem Stefan-Boltzmann-Gesetz folgt aus Gleichung (E.9 auf der vorherigen Seite):

$$\sigma T^4 \;=\; W * \left(\frac{1}{2} + \frac{p}{2\kappa} \right) \qquad \Rightarrow$$

$$T(p) \;=\; \sqrt[4]{\frac{W * \left(\frac{1}{2} + \frac{p}{2\kappa} \right)}{\sigma}} \;=\; \sqrt[4]{\frac{W * \left(1 + \frac{p}{\kappa} \right)}{2\sigma}} \tag{E.10}$$

---

[1]Natürlich kommt aus dem Weltraum die Solarstrahlung zur Erdoberfläche, in erster Näherung wird die Absorption dieser Strahlung in der Atmosphäre vernachlässigt.

Anders umgestellt kann die durchschnittliche Absorptionskonstante κ ermittelt werden:

$$\kappa = \frac{W * p}{2\sigma T^4 - W} = \frac{p}{2\dfrac{\sigma T^4}{W} - 1} \tag{E.11}$$

W ist nach Gleichung (C.8 auf Seite 71) gleich $238\,W/m^2$. Daraus folgt eine Temperatur am Oberrand der Atmosphäre (Druck $p = 0$) von $T(0) = 214\,K$. Dem letzten Satz vor Abschnitt 4.4 auf Seite 21 zufolge müssten es $175\,K$ sein. Der Unterschied von $39\,K$ wird angesichts der großen Vereinfachungen als nicht gravierend bewertet.

Aus einer Oberflächentemperatur von $324{,}28\,K$ (Gleichung (4.42 auf Seite 33)) ergibt sich mit dem Oberflächendruck ($1013{,}25\,hPa$) ein $\kappa = 237\,hPa$. Diese geringe durchschnittliche Absorption folgt aus der geringen Menge an Treibhausgasen und deren Bandencharakter der Absorption (bei der theoretisch stärksten Absorption wäre $\kappa = 0$).

Wie anfangs geschrieben, sind diese Ergebnisse einer vereinfachten Rechnung nicht überzubewerten. Sie bestätigen aber ebenfalls, dass die Behinderung des Strahlungstransports durch Absorption und Emission der Treibhausgase (ein Phänomen, das schon Fourier [1827] aufgefallen war[2]) zu höheren Oberflächentemperaturen führt, als sie sich ohne behindernde Atmosphäre einstellen würden.

Interessant an den Vereinfachungen ist auch die Änderung des Temperaturgradienten als Funktion von p und κ (siehe Gleichung (4.15 auf Seite 25)). Da Mg/R nur stoffabhängig ist, reicht es $dT/dp \cdot p/T$ mit Gleichung (E.10 auf der vorherigen Seite) zu betrachten:

$$\frac{dT}{dp} \cdot \frac{p}{T} = \frac{d\left\{\left[\dfrac{W * \left(1 + \dfrac{p}{\kappa}\right)}{2\sigma}\right]^{1/4}\right\}}{dp} * \frac{p}{\left[\dfrac{W * \left(1 + \dfrac{p}{\kappa}\right)}{2\sigma}\right]^{1/4}}$$

$$= \frac{W}{8\sigma\kappa} \left[\frac{W * \left(1 + \dfrac{p}{\kappa}\right)}{2\sigma}\right]^{-3/4} * \frac{p}{\left[\dfrac{W * \left(1 + \dfrac{p}{\kappa}\right)}{2\sigma}\right]^{1/4}}$$

$$= \frac{Wp}{8\sigma\kappa} \frac{2\sigma}{W * \left(1 + \dfrac{p}{\kappa}\right)} = \frac{p}{4\kappa} \frac{1}{\left(1 + \dfrac{p}{\kappa}\right)}$$

$$= \frac{1}{4\left(\dfrac{\kappa}{p} + 1\right)} \tag{E.12}$$

---

[2] Allerdings waren Fourier [1827] noch nicht die heute bekannten Zusammenhänge bekannt.

Gleiche Temperaturgradienten liegen also vor, wenn der Quotient κ/p gleich ist. Außerdem besteht zwischen beiden Größen bei konstanter Zusammensetzung der Atmosphäre ein linearer Zusammenhang.

Somit ist dem Wert des Temperaturgradienten, mit dem sich lt. Schwarzschild-Kriterium die Tropopause bestimmen lässt, bei einer gegebenen Gaszusammensetzung auch ein bestimmter Quotient κ/p zuzuordnen. Ein kleineres κ bedeutet eine Zunahme der Absorption. Sinkt der Wert κ, muss auch der Druck p zurückgehen, d.h. die Tropopause verschiebt sich bei stärkerer Absorption in größere Höhen. Die Höhenzunahme bei mehr Absorption wurde durch Messungen bestätigt - siehe Diagramm 4.2 auf Seite 22.

E.4. Probleme bei der Berücksichtigung einer größeren Anzahl von Einflussfaktoren

Gleichung (E.1 auf Seite 75) zeigt, dass bei kurzer Absorptionslänge ($\kappa \to 0$) sich die Intensität des Strahles dem Emissionsterm nähert ($I \to B$). Nun sind die Absorptionslängen ganz verschieden. Bei der Sonne führen kurze Absorptionslängen bei bestimmten Wellenlängen zu den dunklen Fraunhoferlinien[3], da die Temperatur zur Oberfläche der Sonne hin abnimmt. Auch bei der Erde wirken sich die unterschiedlichen Absorptionslängen aus. Besonders schön zeigt sich das am Satellitenspektrum (Diagramm E.1 auf Seite 77).

Die Flanken des Trichters (bei $15\,\mu\mathrm{m}$) sind durch die Temperaturverläufe in den relativ langen Emissionslängen im Übergangsbereich der Stratosphäre/Troposphäre bestimmt. Der Boden des Trichters ist durch die relativ kalten Stratosphärenteile bestimmt (dass der Bodenteil des Trichters relativ dem schrägen Bereich der 220 K-Kurve folgt, folgt daraus, dass wegen gleicher Emissionsorte die Intensitäten den lokalen Temperaturen folgen). Die Spitze in der Mitte folgt aus einer kurzen Absorptionslänge (= Emissionslänge), die nur bis in die warme Ozonschicht reicht. Zugleich ist diese Linie die stärkste Absorptionslinie.

Eine kurze Absorptionslänge bei bestimmten Wellenlängen und entsprechenden Wetterbedingungen kann sogar verursachen, daß ein Teil der Abwärtsstrahlung (Gegenstrahlung) an der Erdoberfläche stärker ist als der entsprechende Wellenlängenbereich der Aufwärtsstrahlung. Bei der Messung siehe Diagramm E.2 auf der nächsten Seite ist die Oberflächentemperatur nicht angegeben, dürfte aber bei $-5\,°\mathrm{C} = 268\,\mathrm{K}$ gelegen haben, also unterhalb der höchsten Helligkeitstemperatur.

Die linke Seite von Gleichung (E.1 auf Seite 75) kann wegen der unterschiedlichen Absorptionslängen nicht integriert werden, wie das auf der rechten Seite möglich wäre. Dadurch sind die Energieveränderungen unterschiedlich: Die Energieverluste (B) sind lokal bestimmt, die Energiegewinne folgen aus der Strahlung der Umgebung. Deswegen könnte es bei Rechnungen sinnvoll sein, eine beliebige Starttemperaturverteilung zu wählen, die lokalen Gewinne und Verluste zu bestimmen und für das Strahlungsgleichgewicht die Temperaturverteilung so zu iterieren, das Gewinne und Verluste überall bilanzieren. Weitere Probleme sind die Temperaturen im adiabatischen Gleichgewicht, die horizontalen Wärmetransporte, die

---

[3] Bei entsprechenden optischen Bedingungungen wird das weiße Sonnenlicht in das farbige Regenbogenspektrum aufgeteilt. Bei sehr guter Aufteilung zeigen sich im Spektrum die dunklen Linien, die Fraunhofer entdeckt hat.

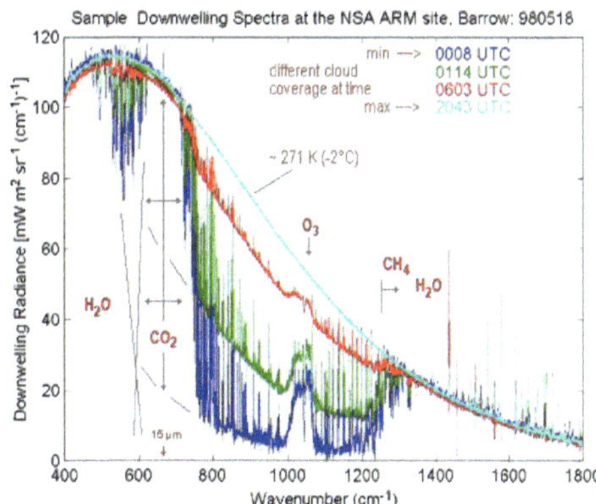

Diagr. E.2.: Barrow - Cooperative [1998]

UV-Heizung der Ozonschicht und weiteres. Aus solchen Gründen werden globale Klimamodelle so umfangreich.

F. Sättigungsvorurteile

F.1. Grundsätzliches

Bei der Diskussion des Treibhauseffekts gibt es bei einigen ein schwer ausrottbares Vorurteil: Starke Absorptionslinien wären bereits gesättigt und die Änderungen des Treibhauseffektes könnten nur noch auf den schwachen Absorptionslinien beruhen, die noch nicht gesättigt wären. Sogar von Wissenschaftliche Dienste [2020] wurde eine missverständliche Erklärung veröffentlicht, wo die Eigenemission des CO_2 zwar erwähnt, aber nicht richtig eingeordnet wird. In den beiden berechneten Spektren (dort Abb. 4 und 5, Seite 14) werden die wichtigen Eigenemissionen vernachlässigt, obwohl diese auf Seite 7 genannt sind:

> Die gemessenen Spektren liefern auch Informationen über die Zusammenhänge von Emission und Absorption der Strahlung

Dazu [Planck, 1900a, S. 99]:

> Allgemein kann man sagen: Emission ohne gleichzeitige Absorption ist irreversibel, während dagegen der umgekehrte Vorgang: Absorption ohne gleichzeitige Emission, in der Natur unmöglich ist.

Selbst richtige Darstellungen machen manchmal in der Formulierung Anleihen bei der Sättigung.

Deshalb ein paar Zitate, z.B. aus Pierrehumbert [2011]:

> Die Strahlung nimmt zwar exponentiell mit der Rate e_ν ab, aber gleichzeitig wird die Strahlung von einer Quelle $e_\nu B$ ergänzt. Die stabile Gleichgewichts-Lösung der Iteration der Fluß-Änderung ist $I_\nu = B(\nu, T)$, was bedeutet, dass innerhalb einer genügend großen isothermen Region die Lösung die Planck-Funktion ist, wie bei einem Schwarzkörper. Die Wiederherstellung der Schwarzkörperstrahlung in diesem Grenzwert ist eine der wichtigsten Implikationen des Kirchhoff'schen Gesetzes, und sie gilt für jede Frequenz separat. [The radiation decays exponentially with rate e_ν, but it is resupplied by a source $e_\nu B$. The stable equilibrium solution to the flux-change iteration is $I_\nu = B(\nu, T)$, which implies that within a sufficiently extensive isothermal region the solutionis the Planck function appropriate to a blackbody. The recovery of blackbody radiation in that limit is one of the chief implications of Kirchhoff's law, and it applies separately foreach frequency.]

Dazu ein Gedankenexperiment: Wenn man die von der Erdoberfläche emittierten Photonen markieren könnte (z.B. grün anstreichen), so würde man nach einigen Absorptionslängen kaum noch markierte Photonen finden. Aber die Stärke des Photonenstroms hätte sich wenig geändert, dieser bestünde allerdings hauptsächlich aus nicht markierten Photonen. Für die Wirkung eines Photonenstrahls ist es unerheblich, welcher Anteil an der Gesamtzahl der Photonen in dem Photonenstrahl

F. Sättigungsvorurteile

»markierte« Photonen sind[1]. Der Grenzfall der Betrachtung: Ein großer Hohlraum mit Abmessungen der mehrfachen Absorptionslänge und isothermen schwarzen Wänden. Diese Wände emittieren Photonen entsprechend ihrer Temperatur, die in gewisser Entfernung von der Wand fast alle absorbiert sind, trotzdem ist in dem gesamten Hohlraum die Photonendichte überall gleich (durch Emissionen der Absorbermoleküle). Das drückt Schack [1972] so aus (siehe auch Abschnitt A.5 auf Seite 59):

> Die Absorption der ein Gas durchsetzenden Wärmestrahlung ist im Beharrungszustand genau gleich der Wärmestrahlung dieses Gases. Denn wenn hierbei Abweichungen beständen, würden sich in einem dies Gas erfüllenden Hohlraum von selbst Temperaturdifferenzen bilden, was nach dem zweiten Hauptsatz der Thermodynamik nicht möglich ist.

Die Wärmestrahlung in einem Gas besteht also aus dem Wechselspiel von Absorption und Emission. Dadurch bildet sich bei den Absorbermolekülen bei Berücksichtigung der Zusammenstöße (Stichwort: Thermalisierung - LTE - Seite 85) eine bestimmte Besetzungsdichte aus. In der Atmosphäre ist diese Besetzungsdichte im Infrarotbereich klein. Im Labor kann man durch starke Laser tatsächlich eine Sättigung erreichen (Wikipedia [2020a]):

> ... wobei das untere Niveau entvölkert und das obere Niveau gesättigt[2] wird. Der Abfragestrahl wird deshalb kaum noch absorbiert ...

oder (Lexikon der Optik [1999]):

> Aufgrund der Sättigung im nichtlinearen Laserprozeß werden dabei in die spektrale Verstärkungskurve $\cdots$ zwei Löcher "gebrannt" ...

Diese hohen für eine Sättigung erforderlichen Strahlintensitäten kommen in der Atmosphäre nicht vor, und deshalb gibt es auch keine Sättigung. Außerdem wäre bei Sättigung genau das umgekehrte Verhalten zu erwarten, als die Sättigungsanhänger glauben: Wenn irgendwo das obere Niveau gesättigt wäre (und nur das kann durch starke einfallende Strahlung gesättigt werden), dann kann der nicht absorbierte Rest der Strahlung unbehindert durch die Atmosphäre strömen, weil eben alles schon gesättigt ist. Auch die Gegenstrahlung würde stärker, weil sie wegen des gesättigten oberen Zustandes kaum absorbiert würde.

Ein weiteres Argument gegen eine Sättigung des oberen Zustandes: Der Besetzungsgrad des oberen Zustandes hängt von der Gesamtintensität ab. Die Intensität (Temperatur) der Strahlung von unten nach oben nimmt zu und zugleich nimmt die Intensität (Temperatur) der Strahlung von oben nach unten ab. Dadurch bleibt der Mittelwert (Gesamtintensität) fast unverändert. Trotzdem ist unten die Gesamtintensität am größten (siehe Diagramm A.8 auf Seite 55).

Die Strahlungstransportgleichung hängt mit der Einsteingleichung zusammen [Banerjee, 2013, Folie 21], denn die Absorption/Emission ist die Wechselwirkung der Gasmoleküle mit dem Strahlungsfeld. Durch die Absorption werden die Moleküle angeregt und der obere Zustand (n_2) stärker bevölkert und dementsprechend der untere Zustand (n_1) stärker entvölkert. Dabei bleibt im einfachsten Fall

---

[1]Bei Absorptionsmessungen sind durch geeignete Maßnahmen die Meßfehler durch Emission zu minimieren: hohe Intensität des Meßlichts (Laser), modulierte Intensität usw.

[2]Sättigung bedeutet: Das Verhältnis besetzte zu unbesetzten Zuständen ist 1:1, weil dann Absorption und induzierte Emission gleich groß sind.

84

die Summe $n_2 + n_1$ konstant. Das Verhältnis wird durch die kanonische Zustandsverteilung gegeben [Einstein, 1916, § 1]. Die Änderung des Verhältnisses bedeutet eine höhere Temperatur, die durch die Zusammenstöße im Gas immer wieder in Richtung übrige Gastemperatur verschoben wird (Thermalisierung), so daß in dichten Gasschichten das Verhältnis weitgehend durch die Gastemperatur bestimmt wird (lokales thermodynamisches Gleichgewicht, local thermodynamic equilibrium - LTE). Würde die einfallende Intensität tatsächlich so groß sein, daß eine wesentliche Änderung des Verhältnisses eintreten würde (Sättigung), so sänke zwangsweise der Absorptionskoeffizient [Banerjee, 2013, Folie 21] bis minimal auf 0.

Um 1900 ließ Ångström seine fehlerhaften Absorptionsmessungen durchführen - 16 Jahre vor der Arbeit von Einstein [1916]. Selbst die Strahlungstransportgleichung war kaum bekannt, so daß die Randbedingungen für eine fehlerfreie Messung noch nicht gegeben waren - aber heute sollten diese bekannt sein einschließlich der Interpretation der Meßergebnisse.

Das Zitat in Wissenschaftliche Dienste [2020] Seite 7 unten:

> Entscheidend ist aber, dass das emittierte Licht in alle Richtungen ausgestrahlt wird, während der Lichtstrahl, aus dem absorbiert wurde, nur in eine Richtung strahlt. Deshalb ist auch bei spontaner Rückemission (die nicht bei allen Übergängen vorkommt) der durchgelassene Lichtstrahl bei der Absorptionswellenlänge der Substanz stark geschwächt.

ist natürlich für die Atmosphäre Unsinn. Der Emissionsort in der Atmosphäre, von dem „das emittierte Licht in alle Richtungen ausgestrahlt wird", wird nicht nur von „dem einen Lichtstrahl", sondern von Strahlungen aus allen Richtungen erreicht. In der Regel ist die Emission aus höheren Schichten schwächer - aber nicht aus dem angegebenen Grund, sondern weil die Temperatur niedriger und die Emissionsstärke temperaturabhängig ist. Wenn die Temperatur der Licht-(Wärme-)quelle gleich der Temperatur des »absorbierenden Volumens« ist, ist weder Absorption noch Emission zu messen. Wenn aber nur ein einzelner Lichtstrahl hoher Intensität (Laserstrahl) in das »absorbierende Volumen« eintritt, tritt tatsächlich eine Schwächung ein - aber dieser Sachverhalt kann nicht auf die Atmosphäre übertragen werden mit Rundumstrahlung und nur wenig voneinander abweichenden Temperaturen in der Umgebung des Emissionsortes - LTE, Seite 85 oben.

Die Sättigungsvorurteile widerlegt auch Pierrehumbert [2011]:

> Der Weg zum heutigen Verständnis der Wirkung von Kohlendioxid auf das Klima war nicht ohne Fehltritte. Insbesondere im Jahr 1900 argumentierte Knut Ångström (der Sohn von Anders Ångström, dessen Name eine Einheit der Länge ziert, die weltweit unter Spektroskopikern verwendet wird) im Gegensatz zu seinem Kollegen, dem schwedischen Wissenschaftler Svante Arrhenius, dass eine zunehmende CO_2-Konzentration das Erdklima nicht beeinträchtigen könnte. Ångström behauptete, dass die IR-Absorption von CO_2 in dem Sinne gesättigt wäre, dass bei jenen Wellenlängen, wo CO_2 überhaupt absorbieren könne, das bereits vorhandene CO_2 in der Erdatmosphäre im Wesentlichen alles IR absorbiert[3]. Im Hinblick auf erdähnliche Atmosphären war Ångström doppelt falsch. Erstens zeigt die moderne Spektroskopie, dass CO_2 nirgends nahezu gesättigt ist. Ångströms

---

[3] Ångström vergaß, das dort, wo absorbiert wird, auch emittiert wird

Labor Experimente waren einfach zu ungenau, um die zusätzliche Absorption zu zeigen, die in den Flügeln der $667\,cm^{-1}$–CO_2–Funktion bei steigendem CO_2 erfolgt. Aber selbst wenn CO_2 im Ångström's Sinne gesättigt wäre – wie es im Übrigen auf der Venus ist[4] – würde sein Argument dennoch trügerisch sein. Die Atmosphäre der Venus als Ganzes kann im Hinblick auf IR-Absorption gesättigt sein, aber die Strahlung entweicht nur aus den dünnen oberen Teilen der Atmosphäre, die nicht gesättigt sind. Heiß wie die Venus ist, würde sie noch heißer, wenn man ihrer Atmosphäre CO_2 hinzufügt.

Ein verwandter Sättigungs–Trugschluss, der auch durch Ångström popularisiert wurde, ist, dass das CO_2 keinen Einfluss auf Strahlungsbilanz haben könne, weil Wasserdampf bereits alles IR absorbiert, dass auch CO_2 absorbieren könnte. Die Erde ist sehr feucht, nahe der Oberfläche ist die tropische Atmosphäre in diesem Sinne fast gesättigt, aber der Fehler in Ångström ist das Argument, dass die Strahlung im Bereich des Spektrums des CO_2, die in den Weltraum entweicht, emittiert wird von dem kalten, trockenen oberen Teil der Atmosphäre und nicht aus warmen, feuchten unteren Abschnitten. Auch, wie im Nebenbild zu Bild 2 gezeigt, verschachteln sich zwar die einzelnen Wasserdampf- und CO_2-Spektrallinien, aber sie überlappen nicht völlig ihre Kurven. Diese Struktur begrenzt den Wettbewerb zwischen CO_2 und Wasserdampf.

Trotzdem ist in der Zusammenfassung bei Pierrehumbert einiges mißverständlich. Die Intensität in den Wellenlängenbereichen des Wasserdampfes ändert sich nur wenig, weil die Temperatur dort, wo die Atmosphäre kaum noch Wasserdampf enthält, nur wenig niedriger als an der Oberfläche ist. Außerdem ist der Temperaturverlauf in der Troposphäre konvektionsbestimmt und nicht strahlungsbestimmt. In der Troposphäre ist der Temperaturverlauf konvektionsbestimmt, weil ohne Konvektion der Temperaturgradient höher wäre. Damit spielt die Konzentration der Treibhausgase keine Rolle (die Mindestmenge ist gesichert, da Troposphäre). Deswegen ist auch die Bedeutung des Wasserdampfes für die Strahlung relativ schwach ausgeprägt. Die Hauptwirkung des Wasserdampfes ist die Verringerung des trockenadiabatischen Gradienten auf den feuchtadiabatischen Wert. Siehe z.B. Diagramm 4.5 auf Seite 26, wo wegen der abnehmenden Temperatur mit der Höhe der Wassrdampfgehalt sinkt und dementsprechend der Temperaturgradient zunimmt.

Außerdem wird in dem Zitat gar nicht auf die Emission hingewiesen.

F.2. Ein Vergleich zwischen Venus und Erde ist interessant

Der Säulendruck des CO_2 an der Erdtropopause ist gegenwärtig ca. $0{,}137\,mbar$ und wird bei Verdopplung der CO_2-Konzentration auf ca. $0{,}16\,mbar$ steigen.

Der Säulendruck des CO_2 an der Venustropopause ist ca. $0{,}4\,mbar$ Fritzius [2014] - siehe Diagramm F.1 auf der nächsten Seite. Von der Dicke der Troposphäre hängen die Temperaturen ab. Über Bergen ist die Dicke der Erdtroposphäre geringer als

---

[4] Nein - auch auf der Venus sind die oberen Zustände nicht gesättigt und Emissionen finden statt.

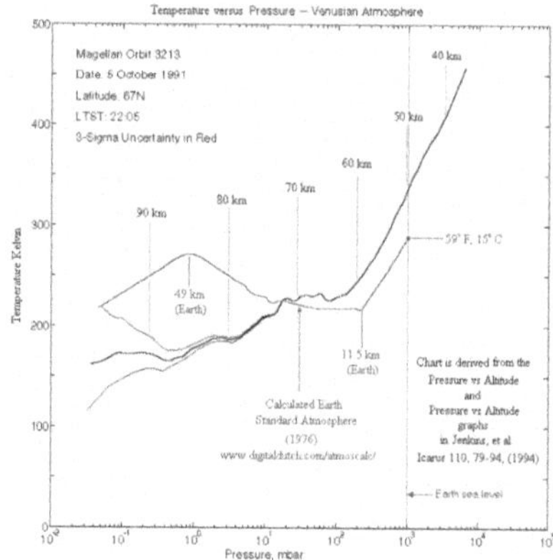

Diagr. F.1.: Vergleich Erdatmosphäre / Venusatmosphäre (Fritzius [2014])

über Tälern, deshalb ist es auf Bergen kühler als in Tälern. Die Venustroposphäre ist noch dicker als die Erdtroposphäre, hat aber fast den gleichen Temperaturgradienten, wie das Diagramm der beiden unterschiedlichen Atmosphären zeigt. Das bestätigt, daß der troposphärische Temperaturgradient fast unabhängig von den Eigenschaften der Treibhausgase ist.

In den Planetenatmosphären werden die Verhältnisse natürlich nicht nur von den Treibhausgasmengen bestimmt. So hängen Strahlung und Konvektion von den Rotationsgeschwindigkeiten und der Sonnennähe der Planeten ab.

G. Tabelle mit den Lösungen von Gleichungen (4.17 auf Seite 26) und (4.20 auf Seite 27)

β	ΔT_O [K]	ΔT_T [K]	T_O [K]	T_T [K]	Δh [m]	p_T [mbar]
			$\alpha = 3$			
1,000	0,0000	0,0000	288,150	216,650	0,00	226,38
1,025	0,3195	0,9586	288,470	215,691	147,48	219,88
1,050	0,6304	1,8912	288,780	214,759	290,95	213,72
1,075	0,9330	2,7991	289,083	213,851	430,63	207,86
1,100	1,2278	3,6835	289,378	212,967	566,69	202,30
1,125	1,5152	4,5455	289,665	212,105	699,31	197,00
1,150	1,7954	5,3862	289,945	211,264	828,64	191,96
1,175	2,0688	6,2064	290,219	210,444	954,83	187,14
1,200	2,3357	7,0072	290,486	209,643	1078,03	182,55
1,225	2,5965	7,7894	290,746	208,861	1198,37	178,15
1,250	2,8512	8,5537	291,001	208,096	1315,96	173,95
1,275	3,1003	9,3010	291,250	207,349	1430,92	169,93
1,300	3,3439	10,0318	291,494	206,618	1543,36	166,07
1,325	3,5823	10,7469	291,732	205,903	1653,38	162,38
1,350	3,8157	11,4470	291,966	205,203	1761,07	158,83
1,375	4,0442	12,1325	292,194	204,518	1866,53	155,42
1,400	4,2680	12,8040	292,418	203,846	1969,85	152,14
1,425	4,4874	13,4621	292,637	203,188	2071,09	148,99
1,450	4,7024	14,1072	292,852	202,543	2170,34	145,96
1,475	4,9133	14,7399	293,063	201,910	2267,67	143,03
1,500	5,1202	15,3605	293,270	201,289	2363,15	140,22
1,525	5,3232	15,9695	293,473	200,680	2456,85	137,50
1,550	5,5224	16,5673	293,672	200,083	2548,81	134,88
1,575	5,7181	17,1542	293,868	199,496	2639,11	132,35
1,600	5,9102	17,7307	294,060	198,919	2727,80	129,91
1,625	6,0990	18,2971	294,249	198,353	2814,93	127,54
1,650	6,2845	18,8536	294,435	197,796	2900,55	125,26
1,675	6,4669	19,4006	294,617	197,249	2984,71	123,05
1,700	6,6462	19,9385	294,796	196,712	3067,46	120,91
1,725	6,8225	20,4674	294,972	196,183	3148,84	118,84

G. Lösungstabelle

β	ΔT_O [K]	ΔT_T [K]	T_O [K]	T_T [K]	Δh [m]	p_T [mbar]
			$\alpha = 3$			
1,750	6,9959	20,9877	295,146	195,662	3228,88	116,83
1,775	7,1666	21,4997	295,317	195,150	3307,64	114,88
1,800	7,3345	22,0035	295,484	194,647	3385,15	112,99
1,825	7,4998	22,4994	295,650	194,151	3461,44	111,16
1,850	7,6625	22,9876	295,813	193,662	3536,55	109,38
1,875	7,8228	23,4684	295,973	193,182	3610,52	107,66
1,900	7,9807	23,9420	296,131	192,708	3683,38	105,98
1,925	8,1362	24,4085	296,286	192,242	3755,15	104,35
1,950	8,2894	24,8682	296,439	191,782	3825,87	102,77
1,975	8,4404	25,3212	296,590	191,329	3895,56	101,22
2,000	8,5892	25,7677	296,739	190,882	3964,26	99,73
2,025	8,7360	26,2079	296,886	190,442	4031,99	98,27
2,050	8,8807	26,6420	297,031	190,008	4098,77	96,85
2,075	9,0234	27,0701	297,173	189,580	4164,63	95,47
2,100	9,1641	27,4924	297,314	189,158	4229,59	94,12
2,125	9,3030	27,9089	297,453	188,741	4293,68	92,81
2,150	9,4400	28,3199	297,590	188,330	4356,91	91,53
2,175	9,5752	28,7255	297,725	187,924	4419,31	90,28
2,200	9,7086	29,1259	297,859	187,524	4480,90	89,07
2,225	9,8403	29,5210	297,990	187,129	4541,70	87,88
2,250	9,9704	29,9112	298,120	186,739	4601,72	86,72
2,275	10,0988	30,2964	298,249	186,354	4660,99	85,59
2,300	10,2256	30,6768	298,376	185,973	4719,52	84,49
2,325	10,3509	31,0526	298,501	185,597	4777,32	83,41
2,350	10,4746	31,4237	298,625	185,226	4834,42	82,36
2,375	10,5968	31,7904	298,747	184,860	4890,84	81,33
2,400	10,7176	32,1527	298,868	184,497	4946,57	80,33
2,425	10,8369	32,5107	298,987	184,139	5001,65	79,34
2,450	10,9549	32,8646	299,105	183,785	5056,09	78,38
2,475	11,0714	33,2143	299,221	183,436	5109,89	77,44
2,500	11,1867	33,5600	299,337	183,090	5163,08	76,52
2,525	11,3006	33,9018	299,451	182,748	5215,66	75,63
2,550	11,4133	34,2398	299,563	182,410	5267,65	74,75
2,575	11,5246	34,5739	299,675	182,076	5319,07	73,88
2,600	11,6348	34,9044	299,785	181,746	5369,91	73,04
2,625	11,7438	35,2313	299,894	181,419	5420,20	72,21
2,650	11,8516	35,5547	300,002	181,095	5469,95	71,41
2,675	11,9582	35,8745	300,108	180,775	5519,16	70,61
2,700	12,0637	36,1910	300,214	180,459	5567,85	69,84
2,725	12,1680	36,5041	300,318	180,146	5616,02	69,08
2,750	12,2713	36,8140	300,421	179,836	5663,69	68,33
2,775	12,3736	37,1207	300,524	179,529	5710,87	67,60
2,800	12,4747	37,4242	300,625	179,226	5757,57	66,88
2,825	12,5749	37,7246	300,725	178,925	5803,79	66,18
2,850	12,6740	38,0221	300,824	178,628	5849,55	65,49
2,875	12,7722	38,3165	300,922	178,334	5894,84	64,81
2,900	12,8693	38,6080	301,019	178,042	5939,69	64,15
2,925	12,9656	38,8967	301,116	177,753	5984,10	63,50

β	ΔT_O [K]	ΔT_T [K]	T_O [K]	T_T [K]	Δh [m]	p_T [mbar]
			$\alpha = 3$			
2,950	13,0608	39,1825	301,211	177,467	6028,08	62,86
2,975	13,1552	39,4656	301,305	177,184	6071,63	62,23
3,000	13,2487	39,7460	301,399	176,904	6114,77	61,62
3,025	13,3412	40,0237	301,491	176,626	6157,49	61,01
3,050	13,4329	40,2988	301,583	176,351	6199,82	60,42
3,075	13,5238	40,5713	301,674	176,079	6241,74	59,83
3,100	13,6138	40,8413	301,764	175,809	6283,28	59,26
3,125	13,7030	41,1089	301,853	175,541	6324,44	58,70
3,150	13,7913	41,3739	301,941	175,276	6365,22	58,14
3,175	13,8789	41,6366	302,029	175,013	6405,63	57,60
3,200	13,9656	41,8969	302,116	174,753	6445,68	57,06
3,225	14,0516	42,1549	302,202	174,495	6485,37	56,54
3,250	14,1369	42,4106	302,287	174,239	6524,71	56,02
3,275	14,2214	42,6641	302,371	173,986	6563,71	55,51
3,300	14,3051	42,9154	302,455	173,735	6602,36	55,01
3,325	14,3881	43,1644	302,538	173,486	6640,68	54,52

Tabelle G.1.: Tropopausenveränderungen als Funktion des Strahlungswiderstandes für $\alpha = 3\uparrow$ und $\alpha = 4\downarrow$

β	ΔT_O [K]	ΔT_T [K]	T_O [K]	T_T [K]	Δh [m]	p_T [mbar]
			$\alpha = 4$			
1,000	0,0000	0,0000	288,150	216,650	0,00	226,38
1,025	0,2546	1,0185	288,405	215,631	117,52	219,82
1,050	0,5022	2,0089	288,652	214,641	231,80	213,60
1,075	0,7431	2,9726	288,893	213,677	342,99	207,69
1,100	0,9777	3,9108	289,128	212,739	451,25	202,08
1,125	1,2062	4,8249	289,356	211,825	556,71	196,74
1,150	1,4290	5,7158	289,579	210,934	659,52	191,66
1,175	1,6462	6,5848	289,796	210,065	759,79	186,81
1,200	1,8582	7,4328	290,008	209,217	857,63	182,18
1,225	2,0652	8,2606	290,215	208,389	953,15	177,75
1,250	2,2673	9,0693	290,417	207,581	1046,46	173,52
1,275	2,4649	9,8595	290,615	206,790	1137,64	169,47
1,300	2,6580	10,6321	290,808	206,018	1226,78	165,59
1,325	2,8469	11,3878	290,997	205,262	1313,97	161,87
1,350	3,0318	12,1271	291,182	204,523	1399,29	158,30
1,375	3,2127	12,8509	291,363	203,799	1482,80	154,87
1,400	3,3899	13,5597	291,540	203,090	1564,58	151,58
1,425	3,5635	14,2540	291,714	202,396	1644,69	148,41
1,450	3,7336	14,9344	291,884	201,716	1723,20	145,36
1,475	3,9004	15,6014	292,050	201,049	1800,16	142,42
1,500	4,0639	16,2555	292,214	200,394	1875,64	139,59
1,525	4,2243	16,8971	292,374	199,753	1949,67	136,87
1,550	4,3817	17,5267	292,532	199,123	2022,31	134,23

G. Lösungstabelle

β	ΔT_O [K]	ΔT_T [K]	T_O [K]	T_T [K]	Δh [m]	p_T [mbar]
			$\alpha = 4$			
1,575	4,5362	18,1447	292,686	198,505	2093,62	131,69
1,600	4,6879	18,7514	292,838	197,899	2163,63	129,24
1,625	4,8368	19,3473	292,987	197,303	2232,38	126,87
1,650	4,9832	19,9327	293,133	196,717	2299,93	124,58
1,675	5,1270	20,5079	293,277	196,142	2366,30	122,36
1,700	5,2683	21,0733	293,418	195,577	2431,54	120,21
1,725	5,4073	21,6292	293,557	195,021	2495,68	118,13
1,750	5,5440	22,1758	293,694	194,474	2558,75	116,12
1,775	5,6784	22,7135	293,828	193,937	2620,79	114,17
1,800	5,8106	23,2425	293,961	193,408	2681,82	112,27
1,825	5,9408	23,7630	294,091	192,887	2741,88	110,44
1,850	6,0688	24,2754	294,219	192,375	2801,00	108,66
1,875	6,1949	24,7798	294,345	191,870	2859,20	106,93
1,900	6,3191	25,2764	294,469	191,374	2916,51	105,25
1,925	6,4414	25,7656	294,591	190,884	2972,96	103,61
1,950	6,5619	26,2475	294,712	190,403	3028,56	102,03
1,975	6,6806	26,7222	294,831	189,928	3083,34	100,48
2,000	6,7975	27,1901	294,948	189,460	3137,32	98,98
2,025	6,9128	27,6512	295,063	188,999	3190,53	97,52
2,050	7,0265	28,1058	295,176	188,544	3242,98	96,10
2,075	7,1385	28,5540	295,289	188,096	3294,69	94,72
2,100	7,2490	28,9960	295,399	187,654	3345,69	93,37
2,125	7,3580	29,4319	295,508	187,218	3395,99	92,06
2,150	7,4655	29,8620	295,615	186,788	3445,61	90,78
2,175	7,5716	30,2862	295,722	186,364	3494,56	89,53
2,200	7,6762	30,7049	295,826	185,945	3542,87	88,32
2,225	7,7795	31,1180	295,930	185,532	3590,54	87,13
2,250	7,8815	31,5259	296,031	185,124	3637,60	85,97
2,275	7,9821	31,9284	296,132	184,722	3684,05	84,84
2,300	8,0815	32,3259	296,231	184,324	3729,92	83,74
2,325	8,1796	32,7184	296,330	183,932	3775,21	82,66
2,350	8,2765	33,1061	296,427	183,544	3819,93	81,61
2,375	8,3722	33,4890	296,522	183,161	3864,11	80,58
2,400	8,4668	33,8672	296,617	182,783	3907,75	79,58
2,425	8,5602	34,2409	296,710	182,409	3950,87	78,60
2,450	8,6525	34,6101	296,803	182,040	3993,48	77,64
2,475	8,7438	34,9750	296,894	181,675	4035,58	76,70
2,500	8,8339	35,3357	296,984	181,314	4077,19	75,78
2,525	8,9230	35,6921	297,073	180,958	4118,32	74,88
2,550	9,0111	36,0445	297,161	180,605	4158,98	74,01
2,575	9,0982	36,3929	297,248	180,257	4199,18	73,15
2,600	9,1844	36,7374	297,334	179,913	4238,93	72,30
2,625	9,2695	37,0781	297,420	179,572	4278,24	71,48
2,650	9,3537	37,4150	297,504	179,235	4317,11	70,67
2,675	9,4371	37,7482	297,587	178,902	4355,56	69,88
2,700	9,5195	38,0779	297,669	178,572	4393,60	69,11
2,725	9,6010	38,4040	297,751	178,246	4431,23	68,35
2,750	9,6817	38,7266	297,832	177,923	4468,46	67,60

β	ΔT_O [K]	ΔT_T [K]	T_O [K]	T_T [K]	Δh [m]	p_T [mbar]
			$\alpha = 4$			
2,775	9,7615	39,0459	297,911	177,604	4505,29	66,88
2,800	9,8405	39,3618	297,990	177,288	4541,75	66,16
2,825	9,9186	39,6745	298,069	176,976	4577,82	65,46
2,850	9,9960	39,9839	298,146	176,666	4613,53	64,77
2,875	10,0726	40,2902	298,223	176,360	4648,87	64,10
2,900	10,1484	40,5935	298,298	176,057	4683,86	63,43
2,925	10,2234	40,8937	298,373	175,756	4718,50	62,79
2,950	10,2977	41,1909	298,448	175,459	4752,80	62,15
2,975	10,3713	41,4852	298,521	175,165	4786,76	61,52
3,000	10,4442	41,7767	298,594	174,873	4820,39	60,91
3,025	10,5163	42,0653	298,666	174,585	4853,69	60,31
3,050	10,5878	42,3512	298,738	174,299	4886,68	59,71
3,075	10,6586	42,6344	298,809	174,016	4919,35	59,13
3,100	10,7287	42,9149	298,879	173,735	4951,72	58,56
3,125	10,7982	43,1927	298,948	173,457	4983,78	58,00
3,150	10,8670	43,4680	299,017	173,182	5015,54	57,45
3,175	10,9352	43,7408	299,085	172,909	5047,02	56,90
3,200	11,0028	44,0111	299,153	172,639	5078,20	56,37
3,225	11,0697	44,2789	299,220	172,371	5109,10	55,85
3,250	11,1361	44,5443	299,286	172,106	5139,73	55,33
3,275	11,2018	44,8074	299,352	171,843	5170,08	54,83
3,300	11,2670	45,0681	299,417	171,582	5200,16	54,33
3,325	11,3316	45,3265	299,482	171,323	5229,98	53,84

H. Physik versus Leugnerbehauptungen

H.1. Vorbemerkung

Im vorderen Teil des Buches ist nachgewiesen, dass der Mensch einen starken Klimawandel durch hohe Treibhausgasemissionen verursacht. Es gibt immer wieder Publikationen, die das bestreiten - aber die Realität ist nicht zu widerlegen. Ein Beispiel für das Bestreiten ist die Webseite: http://www.klimaschwindel.net/Physik/Physik.html. Obwohl der Autor nicht direkt angegeben ist, könnte es sich um den Pressereferenten Eric Weinhandl des österreichischen Bundesministeriums für Klimaschutz, Umwelt, Energie, Mobilität, Innovation und Technologie (BMK) handeln, siehe https://netzpolitik.org/2021/rechte-desinformation-oesterreichs-klima ministerium-stellt-klimaleugner-frei-unser-mitteleuropa/:

> Darin geht es auch um die Website "Klimaschwindel.net", die ebenfalls von Weinhandls NNC betrieben wird.

Im Nachfolgenden ist als typischer Leugnertext der Text von http://www.kli maschwindel.net/Physik/Physik.html im Original zitiert (darin sind manche Formulierungen verbesserungswürdig - aber der Text wurde nicht verändert, außer offensichtlichen Schreibfehlern). In das Originalzitat sind detaillierte Richtigstellungen eingefügt. Diese Richtigstellungen sind eingerückt, umrandet und beginnen mit

> Zutreffend ist: ...

H.2. Kommentiertes Zitat

Beginn des Zitats von http://www.klimaschwindel.net/Physik/Physik .html

H.2.1. Physikalische Erklärung der Unmöglichkeit des sogenannten Treibhauseffektes.

Einleitung:, S. 96

1. Irreführende Bezeichnung, S. 96

2. Widerspruch zum 1. Hauptsatz, S. 97

3. Der 33 Grad-"Irrtum", S. 99

4. Widerspruch zum 2. Hauptsatz, S. 101

5. Wechselwirkung Strahlung/Moleküle, S. 103

Wie wird die Atmosphäre erwärmt?, S. 106

H. *Physik versus Leugnerbehauptungen*

Einleitung:

Da die Diskussion über den sogenannten "Treibhauseffekt" bestimmter Spurenga-
se wie CO_2 oder CH_4 meist auf eine reine Glaubensfrage hinauslaufen, bei der die
Gegner der Behauptung des menschenverursachten Klimawandels auf die vergan-
genen Klimaänderungen hinweisen, während die Anhänger dieser Behauptungen
fest davon überzeugt sind, dass die momentan zu beobachtete Erwärmung Ergebnis menschlichen Wirkens ist, soll im Folgenden ein Beitrag geliefert werden, bei
dem diese Kontroverse auf der Basis physikalischer Gesetze diskutiert wird.

> Zutreffend ist: Da fehlt ein Wort. Statt "die momentan zu beobach-
> tete Erwärmung Ergebnis menschlichen Wirkens ist", es muß heißen
> "die momentan zu beobachtete Erwärmung **zum Großteil ein** Er-
> gebnis menschlichen Wirkens ist".

Die Darstellung will kurz und leicht verständlich sein und für ein breiteres Pu-
blikum lesbar sein und ist folglich auch zum Teil verkürzt. Es ist daher keine
wissenschaftliche Abhandlung.

Irreführende Bezeichnung

Es wird in den Mainstreammedien seit ca. 30 Jahren behauptet, dass es so genannte
"Treibhausgase" gibt, die Strahlungsenergie (Wärmestrahlung) in der Atmosphäre
ähnlich wie bei einem Treibhaus reflektieren und somit die Erdatmosphäre aufheizen.

> Zutreffend ist: Von Reflektionen ist selten die Rede, es geht um die
> Gegenstrahlung, die von der warmen Atmosphäre (obwohl kälter als
> die Erdoberfläche) emittiert wird (siehe Clausius Seite 65). Diese
> Gegenstrahlung wird auch von der Erdoberfläche absorbiert.

Schon diese Begrifflichkeit wurde bewusst irreführend gewählt, wenn man sich
die Wirkungsweise eines realen Treibhauses vergegenwärtigt:

Ein Treibhaus besteht aus einem Glaskörper, der für die Strahlung im sichtbaren
Bereich transparent ist. Diese Strahlung wird im Boden absorbiert und als Wärmestrahlung vom Boden reemittiert. Diese Wärmestrahlung erhitzt die bodennahen
Luftschichten. Ohne dem Glaskörper würde die erwärmte Luft durch Konvektion
hochsteigen.

> Zutreffend ist: Auch im Gärtnertreibhaus herrscht Konvektion, zum
> größten Teil chaotische Konvektion wie auch in der Troposphäre -
> siehe Schwarzschild [1906]. Unerwähnt sind die absteigenden Luft-
> strömungen, die zu aufsteigenden Luftströmungen immer gehören!
> (Andernfalls würde oben eine Luftkonzentration entstehen.)

Dies ist ein ganz normaler Vorgang der seit ewigen Zeiten das Wettergeschehen
bestimmt:

Dadurch, dass die Einstrahlung mit zunehmender geographischer Breite abnimmt und die Erde rotiert, entstehen rotationsförmige Luftströmung die für das
Wettergeschehen charakteristisch sind.

> Zutreffend ist: Die Luftströmungen (u.a. "Aufwinde") sind eine Folge des Treibhauseffektes - siehe Schwarzschild [1906]-Kriterium (Klammerausdrücke hinzugefügt):
>
>> Im Vordergrunde der Betrachtung stand bisher allgemein das sog. a d i a b a t i s c h e Gleichgewicht, wie es in unserer Atmosphäre (d.h. in der Erdatmosphäre - richtiger in der Troposphäre: die Entdeckung der Stratosphäre lag damals erst wenige Jahre zurück - 1902) herrscht, wenn sie von auf- und absteigenden Strömungen gründlich durchmischt ist.
>>
>> ⋮
>>
>> Ein Gleichgewicht mit kleinerem Temperaturgradienten (Stratosphäre), als das adiabatische, ist daher stabil, umgekehrt eines mit größerem Temperaturgradienten instabil (Troposphäre = Konvektion vorhanden).

Diese "Aufwinde" werden von den Vögel seit ewigen Zeiten und auch durch Segelflieger oder Paragleiter genutzt. Wird jedoch diese Konvektionsströmung durch einen dichten Glaskörper verhindert, erwärmt sich die Luft in diesem. So genannte "Treibhausgase" sollen also die gleiche Wirkung haben wie der Glaskörper eines wirklichen Treibhauses, was ja offensichtlich unmöglich ist, da diese Treibhausgase ein Teil der Luft sind und durch die Konvektionsströmung mit nach oben getragen werden. Selbst wenn die "Treibhausgase" in der Luft festgeschraubt wären (was sie nicht sind) könnten z.B. $400\,\text{ppm}\ CO_2$ nicht die restlichen Luftmoleküle an der Konvektion hindern.

> Zutreffend ist: Der Unterschied zwischen dem Gärtnertreibhaus und der Atmosphäre ist die Höhe des oberen Endes des Luftvolumens. Außerdem ist es üblich, dass bei neuen Erkenntnissen Begriffe von ähnlichen Sachverhalten übertragen werden. Und wie schon geschrieben, gehören zu aufsteigenden Strömungen stets auch absteigende Strömungen.

Diese Erklärung des Treibhauseffektes ist somit nicht nur bewusst irreführend, sondern widerspricht auch fundamentalen physikalischen Gesetzen.

Es gibt sogar eine experimentelle Widerlegung für diese "Erklärung" des Treibhauseffektes:

https://www.biocab.org/Experimente_zum_Treibhauseffekt.pdf oder https://principia-scientific.org/publications/Experiment_on_Greenhouse_Effect.pdf

> Zutreffend ist: Es gibt keine experimentelle Widerlegung. Es gibt nur Fehlinterpretationen von Experimenten, d.h. irreführende Texte. In Textzusammenhängen ist der Bezug meistens eindeutig und der Treibhauseffekt widerspricht auch nicht fundamentalen physikalischen Gesetzen, wie im Weiteren gezeigt wird.

Widerspruch zum 1. Hauptsatz der Thermodynamik

(siehe Erster Hauptsatz der Thermodynamik)

Dieser besagt, dass Energie nur von einer Energieform in eine andere umgewandelt werden kann, nicht jedoch aus dem Nichts erzeugt werden, oder wieder verschwinden kann (Unmöglichkeit des Perpetuum Mobiles erster Art). Diesem Grundsatz widerspricht der "Treibhauseffekt" aus zwei Gründen:

a) Der Energieinhalt jedes Körpers und insbesondere eines Gases hängt von seiner Temperatur. Für ideale Gase gilt ein proportionaler Zusammenhang:

$$E = C * T$$

wobei E die innere Energie des Gases, C seine Wärmekapazität und T die absolute Temperatur bezeichnet (siehe Thermische Energie).

Steigt also die Temperatur der Atmosphäre, nimmt auch deren Energie zu. Es fragt sich also, woher diese zusätzliche Energie kommen soll, solange sich die Erde in einem Strahlungsgleichgewicht mit der Sonne befindet (also gleich viel Energie von der Erde abgestrahlt wird, wie von der Sonne eingestrahlt)!

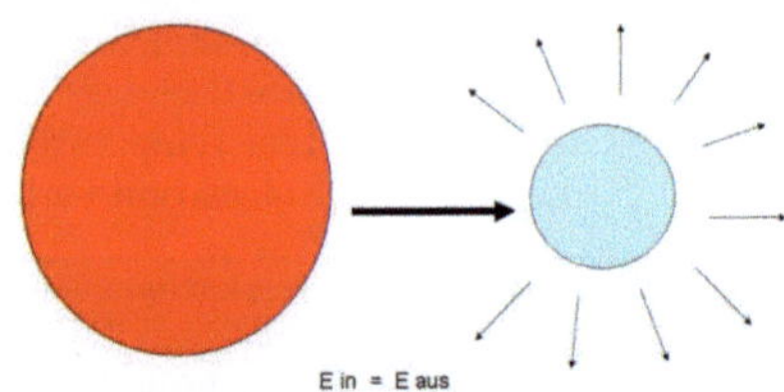

> Zutreffend ist: Das Strahlungsgleichgewicht gilt selten exakt, da zu den Strahlungsverhältnissen mehrere Ursachen beitragen. Für die Einstrahlung ist die Intensität der Strahlungsquelle bestimmend, für die Abstrahlung ist die Temperatur bestimmend. Deshalb entsteht das Strahlungsgleichgewicht bei bestimmten Temperaturen. Eine Änderung irgendwelcher Ursachen (z.B. Wärmespeicherung im absorbierenden Körper) verändert die Temperaturen. Wie schnell die Anpassung erfolgt, hängt auch von den Wärmespeicherkapazitäten ab. Wenn es irgendeinen Mechanismus gäbe, der das Strahlungsgleichgewicht exakt erzwänge, dann gäbe es keine Klimaänderungen - auch keine natürlichen Änderungen ohne Menscheneinwirkung.

b) Strahlungsenergie der Erde: Nach dem Strahlungsgesetz gilt:

$$P = \sigma * A * T^4$$

Dabei bezeichnet P die abgestrahlte Energie, σ die Stefan-Boltzmann-Konstante, A die Fläche des Körpers und T die absolute Temperatur.

Wesentlich ist, dass diese Formel unabhängig von der Art des Körpers, seiner Zusammensetzung oder der Art seiner Oberfläche gilt. Diese Formel gilt für den Ofen im Wohnzimmer genauso, wie für die Sonne oder irgend einen Planeten.

> Zutreffend ist: Nein. Die obige Formel gilt nur für eine ideal schwarze Oberfläche. Andere Oberflächen strahlen weniger.

Soll jetzt z.B. durch eine Zunahme der so genannten "Treibhausgase" die Temperatur der Atmosphäre steigen, so muss auch nach diesem Gesetz die abgestrahlte Energie steigen:

> Zutreffend ist: Beim Treibhauseffekt geht es hauptsächlich um die Erwärmung der Oberfläche, große Teile der Atmosphäre kühlen sogar ab.

Angenommen die Temperatur der Atmosphäre steigt um drei Grad, also etwa ein Prozent der absoluten Temperatur der bodennahen Luftschichten, so muss die abgestrahlte Energie um etwa vier Prozent steigen ($1,01^4$ ist ca. $1,04$).

> Zutreffend ist: Wie geschrieben, es geht nur um die Temperatur der Erdoberfläche. Da steigt zwar die abgestrahlte Energie - aber darüber befindet sich die Atmosphäre, die bei steigender Treibhauskonzentration stärker absorbiert, also erreicht sogar weniger den Weltraum. Die Bereiche die stärker absorbieren, erwärmen sich auch - aber emittieren auch stärker, u.a. auch in Richtung Erdoberfläche. Die Zusammenhänge sind umfangreich - u.a. wird die Tropopause höher und kälter.

Es fragt sich also, woher diese zusätzliche abgestrahlte Energie kommen soll, solange sich die Erde mit der Sonne in einem Strahlungsgleichgewicht befindet, etwa aus den Treibhausgasen? Diese sind offensichtlich ein neues Perpetuum Mobile!

> Zutreffend ist: Siehe Bemerkung zum exakten Strahlungsgleichgewichts (S. 98).

Der 33 Grad-"Irrtum"

Interessant ist auch, dass in den populärwissenschaftlichen (oder besser pseudowissenschaftlichen) Erklärungen des Treibhauseffektes versucht wird, die Gültigkeit des Strahlungsgesetzes für die Atmosphäre in Abrede zu stellen.

Diese "Erklärung" geht etwa folgendermaßen:

Es wird eine Strahlungsbilanz aufgestellt. Dabei werden jene Teile der eingestrahlten Sonnenenergie die durch Reflexion wieder ins All zurückgestrahlt werden, von der eingestrahlten Sonnenenergie abgezogen (Albedoeffekt). Nach dem obigen Strahlungsgesetz wird dann eine Temperatur errechnet. Diese ergibt sich zu etwa $-18\,°C$. Es wird angenommen, dass diese Berechnung bis hierher stimmt.

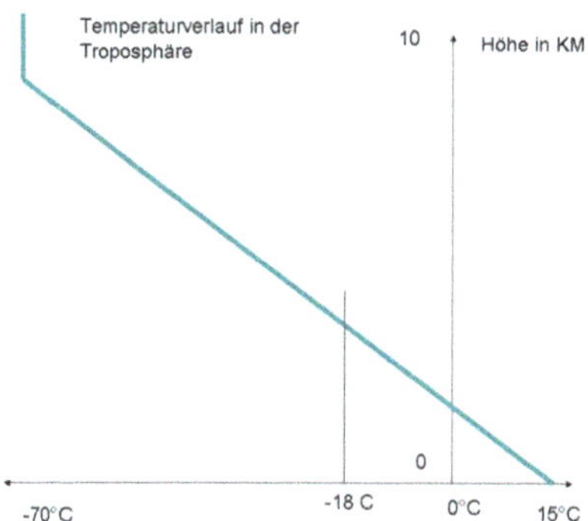

Der Trick der "Erklärung" besteht jetzt darin, dass diese $-18\,°C$ als Erdoberflächentemperatur angenommen wird und jetzt ein Widerspruch zur tatsächlichen durchschnittlichen Oberflächentemperatur von etwa $15\,°C$ konstruiert wird.

H. Physik versus Leugnerbehauptungen

> Zutreffend ist: Auch hier zeigt der Autor wieder seine Unkenntnis. Die Strahlungsbilanz wird aufgestellt für eine Erde ohne Atmosphäre (analog Mond) oder eine Atmosphäre ohne Wechselwirkung mit der Abstrahlung von der Erdoberfläche. Die −18 °C sind allerdings der obere Grenzwert der Durchschnittstemperatur der Erdoberfläche (siehe Hölder - Abschnitt C auf Seite 69). Dieser Grenzwert würde erreicht, wenn die Oberfläche einheitlich schwarz mit einheitlicher Temperatur wäre.

Tatsächlich wird durch diese Berechnung eine Durchschnittstemperatur der gesamten Troposphäre errechnet. Die Temperatur der Troposphäre nimmt von durchschnittlich +15 °C bis zu −70 °C ab (siehe Troposphäre).

Die errechneten −18 °C sind somit ein plausibler Mittelwert. Diese konstruierte Differenz von 33 °C wird jetzt als Resultat des "Treibhauseffektes" dargestellt.

Tatsächlich erklärt sich aber diese Differenz durch die barometrische Höhenformel und dem Gasgesetz.

> Zutreffend ist: Tatsächlich erklärt sich diese Differenz aus der Konvektion infolge des Treibhauseffekts. Eine ruhende Luftsäule wäre infolge Wärmeleitung isotherm. In der Stratosphäre gibt es auch eine hohe Luftsäule - aber da ist kaum Konvektion und somit hat der Temperaturverlauf nichts mit der barometrischen Höhenformel und dem Gasgesetz zu tun, weil er durch den Strahlungstransport bedingt ist.

Bekanntlich nimmt der Luftdruck nach unten hin durch das Gewicht der Luftsäule ständig zu bzw. umgekehrt nach oben hin ab. Im Grunde weis das jeder Mensch, dass die Luft in großen Höhen lebensgefährlich "dünn" wird (z.B. am Himalaya sterben dauernd Bergsteiger wegen dem lebensgefährlichen Luftmangel).

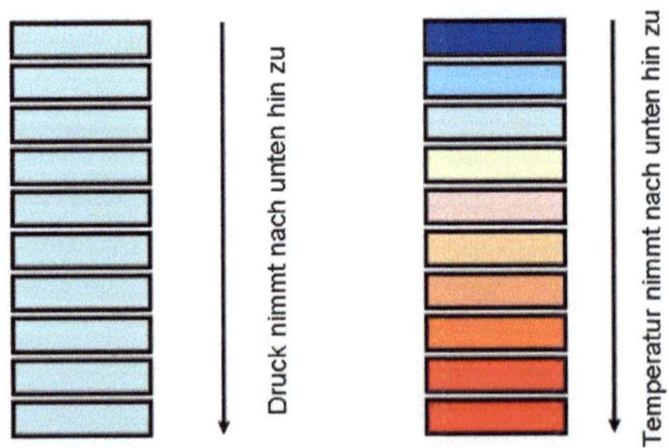

In Kombination mit dem Gasgesetz:

$$P * V = R * T$$

(P: Druck, V: Volumen, R: Gaskonstante, T: Absolute Temperatur)
nimmt die Temperatur mit zunehmender Höhe und somit abnehmenden Druck ab. Auch das weis jeder Mensch, der einmal auf einen Berg gestiegen ist, dass es in der Höhe kälter ist als unten. Am Himalaya erfrieren aus diesem Grund viele Bergsteiger!

Die genaue Berechnung des trockenadiabatischen Temperaturgradienten ergibt:

$$\Gamma = -g/C_p$$

wobei g die Erdbeschleunigung und C_p die Wärmekapazität der Luft bei konstantem Druck bedeutet. Es ergibt sich ein Wert von ca. 1 °C pro 100 Meter.

> Zutreffend ist: Dieser Temperaturgradient ergibt sich nur infolge der Konvektion (Troposphäre), die durch den Treibhauseffekt bedingt ist. Die *schnelle* Konvektion unterbindet weitgehend den Wärmeaustausch mit der Umgebung - was auch das Wort **adiabatisch** ausdrückt.

Es werden also bei der Erklärung des "Treibhauseffektes" allgemein bekannte physikalische Zusammenhänge einfach uminterpretiert!

> Zutreffend ist: Der Autor verwendet bekannte Zusammenhänge, ohne die Ursache der Zusammenhänge zu verstehen.

Widerspruch zum 2. Hauptsatz der Thermodynamik

(siehe Zweiter Hauptsatz der Thermodynamik)

Dieser besagt kurz gefasst, dass Wärme nur von einem höheren Temperaturniveau zu einem niedrigeren Temperaturniveau fließen kann. Auch das ist ein Grundprinzip, das ein jeder Mensch kennt:

Ein Ofen erwärmt ein Zimmer, solange er wärmer ist als dieses. Umgekehrt ist noch nie beobachtet worden, dass sich der Ofen aus der Umgebungswärme des Zimmers von selbst erhitzt. Er kann nur heißer sein als die Umgebung, falls eingeheizt wird, also dem Ofen über den Brennstoff Energie zugeführt wird. Nur mit einer Wärmepumpe kann man Energie von einem niedrigeren Temperaturniveau zu einem höheren pumpen. Dazu ist allerdings Energie notwendig.

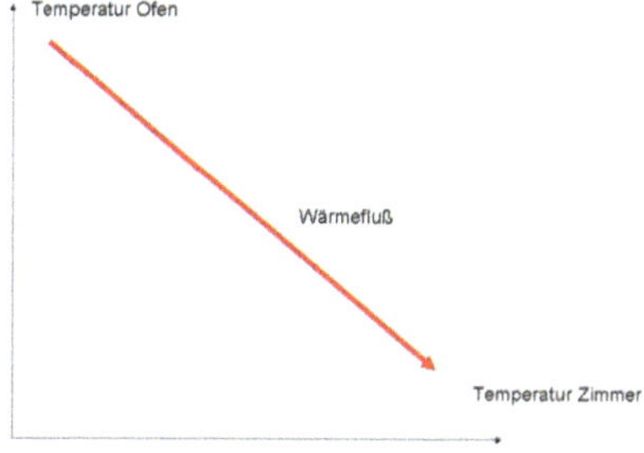

> Zutreffend ist: Der Nettowärmefluß geht von warm nach kalt - aber die einzelnen Wärmeflüsse sind ggf. zu berücksichtigen [und nicht nur Diagramm (A.8 c auf Seite 55)]. Wenn man mit beispielsweise 33°C warmem Gesicht einen Raum mit 22°C warmen Wänden oder einen Raum mit 5°C kühlen Wänden betritt, so spürt man gewaltige Unterschiede, die höchstens teilweise auf die Lufttemperatur zurück zu führen sind. Der Unterschied resultiert hauptsächlich aus der geringeren Wärmestrahlung der kühleren Wände auf das warme Gesicht. Dieser Zusammenhang ist schon bei Stefan [1879] zu finden für den Nettowärmestrom mit zwei konzentrischen Oberflächen unterschiedlicher Temperatur. Deswegen ist der Pfeil im obigen Bild nur der Nettowärmestrom, beim Treibhauseffekt sind aber die Bruttoströme wesentlich, besonders die Gegenstrahlung.

Man könnte den Wärmefluss auch mit einer Kugel vergleichen, die von selbst nur bergab rollen kann, niemals jedoch bergauf!

> Zutreffend ist: Wenn schon Vergleiche - dann ein bewegter Aufzug, der mit einer Umlenkrolle ein Gegengewicht bewegt.

Genau diese Unmöglichkeit wird aber bei dem "Treibhauseffekt" behauptet: Höhere kühlere Schichten sollen tiefer wärmere Schichten aufheizen.

> Zutreffend ist: Die tiefere Schicht wird von der Sonne erwärmt, die Gegenstrahlung vergrößert nur die Erwärmung.

Diese Unmöglichkeit wird wieder durch die "Reflexion" der Wärme durch die "Treibhausgase" erklärt, die im Grunde niemand versteht!

Dabei wird offensichtlich eine Analogie zum Reflexionseffekt von Wolken angedeutet. Eine Wolke stellt jedoch eine physikalische Grenzschicht dar, die tatsächlich Wärme reflektieren kann. Käme das CO_2 nur in Wolken vor, könnten diese CO_2 Wolken tatsächlich auch Wärme reflektieren.

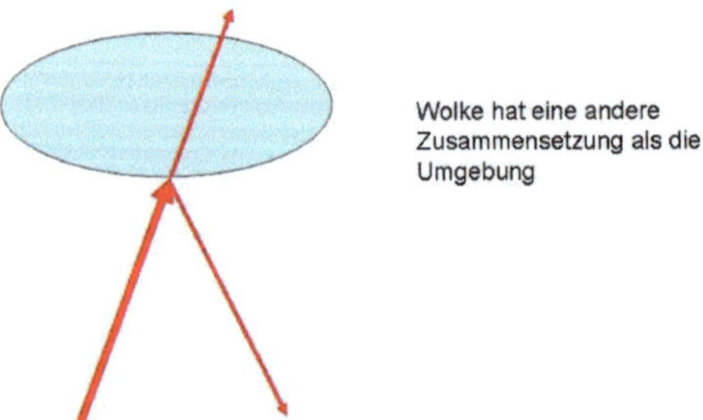

> Zutreffend ist: Es handelt sich nicht um eine Reflexion, sondern um die spontane Abstrahlung erwärmter Schichten. Der damit verbundene Energieverlust wird durch Absorption und Kondensationswärme ersetzt.

In einem homogenen und isotropen Medium in dem keine Richtung ausgezeichnet ist, kann jedoch nirgends eine gerichtete Reflexion entstehen. Woher sollte denn das einzelne "Treibhausmolekül" Strahlung ausgerechnet nach unten zur Erde reflektieren? Für das einzelne Molekül ist jede Raumrichtung gleichberechtigt!

> Zutreffend ist: Erstens ist das keine Reflexion, sondern die Abstrahlung von Molekülen im angeregten Zustand und zweitens bedeutet »ist jede Raumrichtung gleichberechtigt!«, u.a. (schräg) nach oben und unten. Nach unten ist eben die Gegenstrahlung.

Möglich sind nur Streueffekte, die in keine bestimmte Richtung gehen. Beispielsweise ist das Himmelblau das Ergebnis eines Streueffektes.

> Zutreffend ist: Im Infraroten gibt es wegen der großen Wellenlänge (im Unterschied zu blau) kaum Streueffekte. Siehe https://de.wikip edia.org/wiki/Streuung_(Physik).

Tatsächlich ist die Atmosphäre ja nicht ganz isotrop oder homogen, sondern es nimmt ihre Dichte nach oben hin ab. Die weniger dichten Luftschichten sollen dann in die dichteren unteren Luftschichten Strahlung reflektieren! Tatsächlich ist jedoch nur der umgekehrte Vorgang möglich: Die dichteren unteren Luftschichten können wie eine Wolke Wärme nach oben reflektieren! Dieser Vorgang entspricht dem zweiten Hauptsatz.

> Zutreffend ist: Wie schon geschrieben: es ist kaum Reflexion, sondern hauptsächlich ungerichtete spontane Eigenstrahlung der warmen Luftschichten (wenn auch kälter als die Erdoberfläche), die durch Absorption und Konvektion warm sind.

Wechselwirkung Wärmestrahlung und "Treibhausmoleküle"

Die Behauptung dass die Treibhausgase Wärmestrahlung reflektieren beruht auf dem Unverständnis, wie Wärmestrahlung und Moleküle überhaupt wechselwirken können. Dies soll im Weiteren erklärt werden:

Betrachten wir beispielsweise das CO_2 Molekül. Dieses ist ein lang gestrecktes Gebilde, dessen Bindung dadurch entsteht, dass die beiden Sauerstoffatome dem Kohlenstoffatom je zwei Elektronen "wegnehmen" und so eine stabile äußere Schale von 8 Elektronen bilden (in der zweiten Elektronenschale haben 8 Elektronen Platz). In der zweiten Schale des Kohlenstoffatoms befindet sich dann überhaupt kein Elektron. Dem Kohlenstoffatom verbleiben nur zwei Elektronen in der ersten Schale. Die beiden Sauerstoffatome sind also zweifach negativ und das eine Kohlenstoffatom vierfach positiv geladen. Dadurch ergibt sich zwischen Kohlenstoff und Sauerstoffatomen eine enorme Anziehung, die die Stabilität dieses Moleküls bewirkt.

Es entsteht ein elektrischer Tripol. Dieser Tripol kann durch eine elektromagnetische Welle (Wärmestrahlungen sind elektromagnetische Wellen) mit geeigneter Frequenz zur Schwingung angeregt werden. Ein CO_2 Molekül kann mit exakt drei diskreten Frequenzen schwingen. Die dazugehörigen Bewegungsmuster sind unterschiedlich (siehe Molekülschwingungen)

Die zu jedem Bewegungsmuster gehörige Frequenz bezeichnet man als Eigenfrequenz.

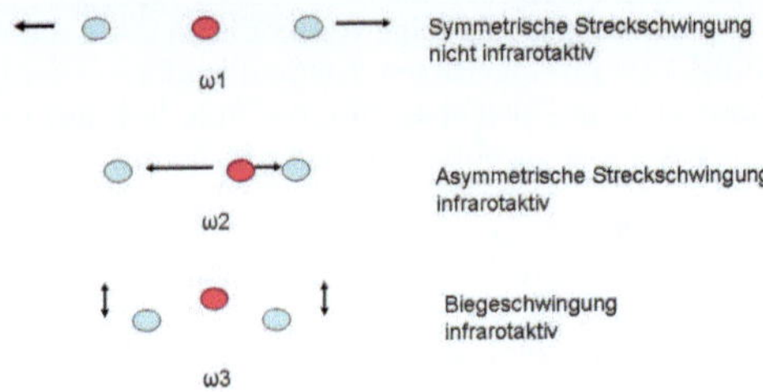

Die einfachste Form eines schwingungsfähigen Gebildes ist ein Pendel, das nur mit einer bestimmten Frequenz schwingen kann. Nach diesem Prinzip wurden Jahrhunderte lang Pendeluhren gebaut. Ein anderes Beispiel sind Quarze für Computer und Uhren.

Die Anregung einer Schwingung kann nur mit der Eigenfrequenz erfolgen. Man kann sich davon leicht mit einem Pendel überzeugen: solange die Anregung im Schwingungstakt erfolgt (man spricht von Resonanz), wird die Schwingungsamplitude sogar größer. Weicht die Frequenz der Anregung vom Schwingungstakt ab, wird die Schwingung mehr und mehr behindert und das Pendel hört zum Schwingen auf.

Allerdings kann eine Molekülschwingung nur dann durch eine elektromagnetische Welle angeregt werden, falls damit eine Änderung der Ladungsverteilung im Molekül verbunden ist. Für die symmetrische Streckschwingung ist das nicht der Fall. Sie ist daher infrarotinaktiv und kann durch Wärmestrahlung nicht angeregt werden.

Infrarotaktiv sind beim CO_2 Molekül nur die asymmetrische Streckschwingung und die Biegeschwingung. Wird eine Schwingung angeregt, so entzieht die Schwingung dem Strahlungsfeld Energie (Absorption). Bei Gelegenheit kann diese Schwingungsenergie mit der gleichen Frequenz wieder reemittiert werden. Dabei ist es nicht vorhersehbar, in welche Richtung diese reemittierte Strahlung geht, da sich das Molekül selbst ständig bewegt bzw. rotiert. Man kann nur davon ausgehen, dass die Reemissionen der Strahlung über alle Raumrichtungen gleich verteilt sind. Die reemittierte Strahlung wird allerdings vom nächst besten CO_2 Molekül wieder absorbiert und nach einer Zeit wieder reemittiert, usw. Verfolgt man ein derartiges Strahlungsquant, so wird es sich nacheinander in alle möglichen Richtungen bewegen. Allerdings wird es sich tendenziell in Richtung geringerer Dichte (also nach oben) bewegen, weil die Absorptionswahrscheinlichkeit oben geringer ist als unten (im Einklang mit dem zweiten Hauptsatz der Thermodynamik).

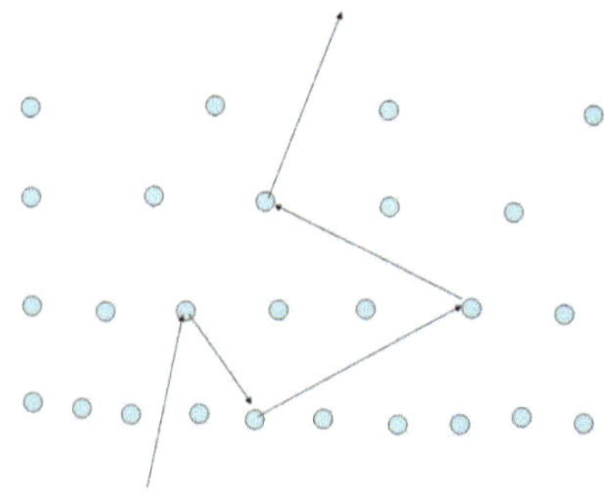

> Zutreffend ist: Dass die Emisssion zufällig in beliebige Richtungen erfolgt, ist zwar richtig, aber die Schlußfolgerung ist falsch. Die Absorptionswahrscheinlichkeit spielt für die Emissionsrichtung keine Rolle; dass oben weniger emittiert wird, hat mit der Temperatur zu tun, da oben die Dichte angeregter Moleküle geringer ist.

In der Realität spielt allerdings ein anderer Prozess eine wahrscheinlich viel größere Rolle:

Jedes Luftmolekül, also auch das CO_2 Molekül kollidiert ständig mit irgend einem anderen Molekül. Das führt dazu, dass Molekülschwingungen des CO_2 mit Unterstützung dieser Stoßvorgänge angeregt werden können. Dadurch kann auch Wärmestrahlung mit einer etwas von der Eigenfrequenz abweichenden Frequenz die Molekülschwingungen des CO_2 anregen. Es entsteht daher rund um die Eigenfrequenzen ein schmales Frequenzband, das grundsätzlich die entsprechende Eigenschwingung mit einer gewissen Wahrscheinlichkeit anregen kann. Allerdings funktioniert dieser Vorgang auch in die andere Richtung: durch einen Stoßvorgang wird die Molekülschwingung annihiliert[1] und ihre Energie in ganz normale CO_2 untypische Bewegungsenergie gewandelt.

> Zutreffend ist: Durch die temperaturabhängige Menge der Stöße wird gewährleistet, dass die Dichte der angeregten Moleküle so groß ist, dass die Wahrscheinlickeit der Emissionen der Temperatur entspricht - »LTE« lokales thermodynamisches Gleichgewicht (Seite 85).

Bemerkung:

Diese Kollisionen können auch indirekt die Anregung einer Schwingung unterstützen, in dem durch die Kollission erst eine Rotation des Moleküls anregt. Diese Rotation kann dann in Kombination mit der einfallenden Strahlung die jeweilige Schwingung anregen.

> Zutreffend ist: Für die Anregung ist keine Kombination erforderlich. Die Anregung erfolgt entweder durch Kollision oder Absorption.

Durch diese Rotationen kann die Reemission dann nur in irgend eine Raumrichtung erfolgen.

> Zutreffend ist: Die Emission erfolgt in zufällige Raumrichtungen, mit der Rotation hat das nichts zu tun. Aussagen über Vorgänge im Mikroebene sind schwierig. Z.B. haben die emittierten Photonen den Doppelcharakter Wellenpaket und Teilchen. Die Quantentheorie liefert noch weitere Quanteneffekte, wie Verschränkungen, Ergebnisse des Doppelspaltexperiments (besonders Einzelphotonenexperimente). Die vielen unterschiedlichen Richtungen der Emission wirken makroskopisch wie Kugelwellen (siehe Seite 56) - wie schon Einstein [1916] feststellte.

Dies führt dazu, dass die entsprechenden Frequenzbanden in der von der Erde abgestrahlten Energie tatsächlich fehlen, was als Beweis dafür angeführt wird, das diese Strahlungskomponenten reflektiert werden. Tatsächlich wird jedoch die Energie nur zu anderen Frequenzen hin verschoben, was bei jeder Form von Absorption vorkommt. Beispielsweise absorbiert die Erde sichtbares Licht und reemittiert

---

[1] Die Molekülschwingung endet.

die gleiche Energie als Wärmestrahlung. Das Verschwinden dieser Frequenzbereiche beweist also nichts. Eine Reflexion von Wärmestrahlung durch so genannte "Treibhausgase" widerspricht also den seit mehr als 100 Jahren sowohl theoretisch als auch experimentell gesicherten Gesetzen der Thermodynamik, dem Strahlungsgesetz und kann auf molekularer Ebene auch nicht nachgewiesen werden.

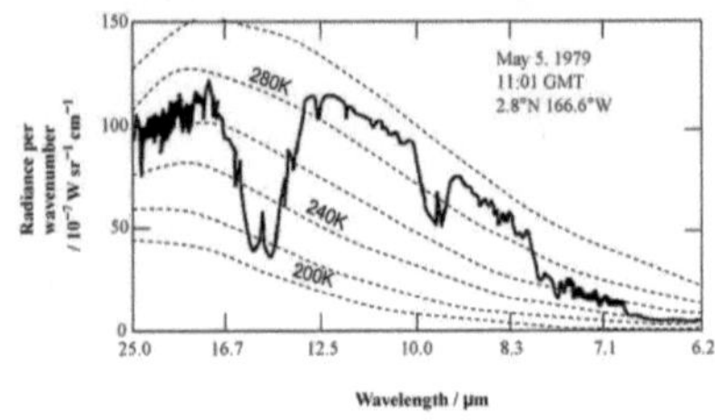

Infrared emission spectrum as observed by the Nimbus 4 satellite ...

> Zutreffend ist: Das Spektrum in den Weltraum hängt davon ab, wie der Temperaturverlauf längs des Emissionsbereiches (zugleich Absorptionsbereich) ist. Im Bereich um $15\,\mu$m ist die Emissionslänge (siehe Seite 23) so kurz, dass die Strahlung weitgehend nur aus der kalten Stratosphäre kommt, was den starken Einbruch der Intensität zur Folge hat. Um so kürzer die Emissionslänge, um so geringer ist die Emissionstemperatur - allerdings reicht bei der zentralen Wellenlänge die Emissionslänge nur bis in die warme Ozonschicht - dadurch kommt es zu einer Emissionsspitze. Die Photonen, die aus größeren Tiefen stammen, werden weitgehend absorbiert, nicht reflektiert.

Entsprechend ist kein Laborexperiment bekannt, das den "Treibhauseffekt" im Labormaßstab nachweist. Es gibt lediglich Computersimulationen, die jene Ergebnisse liefern, die die Programmierer haben wollen. Dies hat mit Physik nichts zu tun. Die allermeisten Meteorologen sind außerstande diese Simulationen nachzuvollziehen. Es werden nur die Ergebnisse vom IPCC nachgebetet.

> Zutreffend ist: Wegen ihrer Größe ist die Tropopause im Laborexperiment nicht nachzubilden.

Wie wird die Atmosphäre erwärmt?

Wie schon erwähnt, wird der Erdboden oder das Wasser der Meere durch die Absorption der Sonneneinstrahlung erwärmt. In der Folge erwärmt sich dadurch die Atmosphäre über zwei Mechanismen:

1. Wärmeübergang (siehe Wärmeübergangskoeffizient an der Grenzfläche zwischen Erdboden oder Wasser und der Luft
2. Absorption der Wärmestrahlung durch einzelne sogenannte "Treibhausmoleküle" wie CO_2, Wasser, Methan, .. (siehe Kapitel H.2.1 auf Seite 103)

Ad. 1: Über die Erwärmung der bodennahen Grenzschicht der Luft wird über die Wärmeleitung und Konvektion die gesamte Atmosphäre erwärmt.

Ad. 2: Über die Wärmestrahlung wird die Luft ebenfalls in bodennahen Schichten erwärmt. Es handelt sich bloß um einen anderen Mechanismus.

Bemerkung: Bei der Diskussion in der Öffentlichkeit über den sogenannten "Treibhauseffekt" hat man den Eindruck, dass nur von einer Wärmeübertragung

106

vom Boden zur Atmosphäre über die Absorption durch die "Treibhausmoleküle"
ausgegangen wird. Ohne die "Treibhausmoleküle" bliebe die Atmosphäre demnach
kalt, was natürlich Unsinn ist.

> Zutreffend ist: Ohne Treibhausgasmoleküle wäre die Atmosphäre
> isotherm mit der Temperatur der kalten Erdoberfläche.

In Summe kann sich die Atmosphäre nur insoweit erwärmen, bis die abgestrahlte Energie nach dem Strahlungsgesetz identisch ist mit der eingestrahlten Sonnenenergie. Es ist daher unerheblich, wie sich die Wärmeübertragung vom Boden
(Wasser) auf die Luft über die beiden Mechanismen aufteilt. Eine Zunahme der
"Treibhausmoleküle" in der Atmosphäre kann daher keinen Einfluss auf die Lufttemperatur haben.

> Zutreffend ist: Es geht um die Temperatur der Erdoberfläche. Die
> Atmosphäre hat lokal ganz unterschiedliche Werte (ca. $-70\,°C$ bis ca.
> $+80\,°C$). Da der Autor den Treibhauseffekt nicht versteht, kann er
> natürlich nicht den Einfluß der Dichte der Treibhausgasmoleküle auf
> die Tropopausenhöhe erkennen - siehe Abschnitt 4.4 auf Seite 21.

Da der Wärmetransport in die höheren Luftschichten über Wärmeleitung und
Konvektion erfolgt, hat die Atmosphäre eine Isolationswirkung.

> Zutreffend ist: Die Wärmeleitung ist vernachlässigbar gering und
> Konvektion spielt nur in der Troposphäre eine wesentliche Rolle.
> Hauptsächlich erfolgt der Wärmetransport durch Strahlung - siehe
> Diagramm A.8 auf Seite 55.

Es ist so wie bei einem Gebäude, dessen Außenhülle isoliert wird. Durch die Iso-
lation erwärmt sich das Gebäude im Inneren bei gleicher verbrauchter Heizenergie.
Entsprechend erwärmen sich die untersten Luftschichten. Nach oben hin entsteht
ein Temperaturgradient einerseits durch die Wärmeleitung hin zum Weltall, andererseits auch durch den Druckabfall nach oben. Damit erklärt sich auch, dass
bodennahe Luftschichten wärmer sind, als man es aus einer Strahlungsbilanz ableiten kann (siehe Kap. 3 Der 33 Grad-"Irrtum", Seite 99).

> Zutreffend ist: Der Wärmetransport in die höheren Luftschichten
> durch Wärmeleitung ist zu vernachlässigen. Der Wärmetransport
> erfolgt durch Absorption und Emission sowie Konvektion (weitge-
> hend nur in der Troposphäre). Der Temperaturgradient hat nichts
> mit dem Druck zu tun. Ohne Treibhausgasmoleküle wäre die Atmo-
> sphäre isotherm mit der Temperatur der kalten Erdoberfläche.

**Ende des Zitats von http://www.klimaschwindel.net/Physik/Physik.h
tml**

H.3. Andere Klimawandel-Leugner

Ähnlichen Unsinn (der natürlich auch widerlegt werden kann) schreiben auch andere Leugner des menschengemachten Klimawandels. Von der umfangreichen Leug-
nerszene seien ein paar Beispiele genannt:
- EIKE (https://eike-klima-energie.eu/): Wissenschaftliche Kommentare werden
  von der Moderation nicht freigeschaltet, dafür wird aber wissenschaftlicher Unsinn publiziert (z.B. das Weber'sche Hemisphärenmodell:

https://eike-klima-energie.eu/2021/04/05/eine-widerlegung-der-privathypothese
-von-u-weber-zur-hemisphaerischen-herleitung-einer-globalen-durchschnttstempe
ratur-durch-prof-dr-g-kramm-univ-fairbanks-alaska/)
- Lord Christopher Monckton of Brenchley: Dieser wurde z.B. auf Vorschlag der AfD in den Auswärtigen Ausschusses des Bundestag eingeladen (siehe https://www.bundestag.de/resource/blob/978608/f24e2e3ddcacc98466cb33decc3f1900/TO-53-Sitzung-27-11-2023-oeA.pdf). Seine Aussagen sind in https://eike-klima-energie.eu/2023/11/28/die-strategische-bedrohung-durch-einseitige-klimaschutz-massnahmen/ wiedergegeben. Auch sonst hat Lord Monckton Probleme mit der Realität: Er behauptet Mitglied des Oberhauses zu sein. Dazu das Oberhaus:

  > Im Juli 2011 erklärte das House of Lords offiziell, „Monckton sei kein Mitglied des Oberhauses und es auch nie gewesen"

  https://de.wikipedia.org/wiki/Christopher_Monckton,_3._Viscount_Monckton_of_Brenchley.
- Ermecke [2009, 2010]
- Dr. John Clauser (Quantenphysiker und Nobelpreisträger): (https://weltwoche.de/daily/ich-kann-getrost-sagen-dass-es-keine-echte-klimakrise-gibt-physik-nobelpreistraeger-john-f-clauser-ueber-wahrheit-und-wissenschaft/, https://archive.ph/AyOQd, https://www.fr.de/wissen/nobelpreistraeger-klimawandel-leugner-john-clauser-planet-nicht-gefahr-erde-physik-zr-92690485.html oder https://legitim.ch/paukenschlag-nobelpreistraeger-fuer-physik-2022-bezeichnet-die-erzaehlung-vom-angeblichen-klimanotstand-als-pseudowissenschaft/). Eine detaillierte Aussage von Dr. Clauser war nicht zu finden, nur allgemeine Aussagen. Leider schüttet er das Kind mit dem Bade aus:

  > Eines meiner Beispiele kann ich später anführen, ich habe aber keine Zeit dafür, was den Klimawandel betrifft: Der dominante Prozess wurde meines Erachtens um den Faktor 200 falsch identifiziert. Wenn man also um einen Faktor von 100, 200 danebenliegt, ist der Prozess viel zu klein, um wichtig zu sein.

I. Verzeichnisse

Abbildungsverzeichnis

Tabellenverzeichnis

Literaturverzeichnis

Die Zahlen am Ende einer Referenz sind die Seitennummern, wo die Referenz verwendet wird.

Definition der Tropopause, 2024. URL https://weather.plus/tropopause.php. access 15.01.2024. 21

Entwicklung der Tropopause, 2024. URL https://meteo.plus/tropopause-entwicklung.html. access 15.01.2024. 21

Layers of the Atmosphere, 2024. URL https://www.noaa.gov/jetstream/atmosphere/layers-of-atmosphere#top. access 15.01.2024. 21

Ozonbulletin des Deutschen Wetterdienstes, 2024. URL https://www.dwd.de/DE/forschung/atmosphaerenbeob/zusammensetzung_atmosphaere/hohenpeissenberg/download/ozon_bulletins/ozonbulletin_097_0402_de_pdf.pdf?__blob=publicationFile&v=3. access 15.01.2024. 21

R. P. Allan, K. P. Shine, A. Slingo, and J. A. Pamment. The dependence of clear-sky outgoing long-wave radiation on surface temperature and relative humidity. *Quarterly Journal of the Royal Meteorological Society*, 125(558):2103 – 2126, 1999. doi: https://doi.org/10.1002/qj.49712555809. URL https://rmets.onlinelibrary.wiley.com/doi/abs/10.1002/qj.49712555809. Die Abhängigkeit der ausgehenden langwelligen Strahlung am klaren Himmel von der Oberflächentemperatur und der relativen Luftfeuchtigkeit. 38

AnonymS. Siedeverzug, 2023. URL https://de.wikipedia.org/wiki/Siedeverzug. 6

IPCC AR6. IPCC AR6 - Physical Science, 2024. URL https://report.ipcc.ch/ar6/wg1/IPCC_AR6_WGI_FullReport.pdf. access 04.02.2024. 27

Robi Banerjee. Strahlungstransport, 2013. URL https://www.physik.uni-hamburg.de/en/hs/group-banerjee/_documents/teaching/ws-13-14-star-form/starform-ws13-rt.pdf. 84, 85

Thomas Birner. Die extratropische Tropopausenregion, Dezember 2003. URL http://nbn-resolving.de/urn:nbn:de:bvb:19-17208. 51

S. Bony, Jean-Philippe Duvel, and Hervé Le Trent. Observed dependence of the water vapor and clear-sky greenhouse effect on sea surface temperature: comparison with climate warming experiments. *Climate Dynamics*, pages 307 – 320, 1995. doi: 10.1007/BF00211682. URL https://doi.org/10.1007/BF00211682. Beobachtete Abhängigkeit des Wasserdampf- und Clear-Sky-Treibhauseffekts von der Meeresoberflächentemperatur: Vergleich mit Klimaerwärmungsexperimenten. 38

Engelbert Broda. Das intellektuelle Viereck: Mach-Boltzmann-Planck-Einstein, 1985. URL https://www.univie.ac.at/zbph/broda/dokumente/Work_Mach-Boltzmann-Planck-Einstein.pdf. access 06.04.2021. 64

R. D. Cess, G. L. Potter, J. P. Blanchet, G. J. Boer, A. D. Del Genio, M. Deque, V. Dymnikov, V. Galin, W. L. Gates, S. J. Ghan, J. T. Kiehl, A. A. Lacis, H. Le Treut, Z.-X. Li, X.-Z. Liang, B. J. McAvaney, V. P. Meleshko, J. F. B. Mitchell, J.-J. Morcrette, D. A. Randall, L. Rikus, E. Roeckner, J. F. Royer, U. Schlese, D. A. Sheinin, A. Slingo, A. P. Sokolov, K. E. Taylor, W. M. Washington, R. T. Wetherald, I. Yagai, and M.-H. Zhang. Intercomparison and interpretation of climate feedback processes in 19 atmospheric general circulation models. *J. Geophys. Res.*, 95:16601 – 16615, 1990. doi: 10.1029/JD095iD10p16601. URL https://agupubs.onlinelibrary.wiley.com/doi /10.1029/JD095iD10p16601. Vergleich und Interpretation von Klima-Rückkopplungsprozessen in 19 allgemeinen atmosphärischen Zirkulationsmodellen. 37

R. Clausius. *Die Mechanische Wärmetheorie*, volume 3. Auflage. Braunschweig, Friedrich Vieweg und Sohn, 1887. URL https://www.digitale-sammlungen.de/ de/view/bsb11337460. 65

Cooperative. Institute for Meteorological Satellite Studies - University of Wisconsin-Madison: Messung zeigt die Wirkung verschiedener Wolken auf die abwärts gerichtete Infrarot-Strahlungsdichte an der Oberfläche., 1998. URL http://cimss.ssec.wisc.edu/fireiii/results/980518/aerinsa_radiance_s amples.jpg. 81

Peter Dietze. Berechnung der CO_2-Klimasensitivität, 2016. URL https://www.eike-klima-energie.eu/wp-content/uploads/2016/11/Dietze_K limasensitivitaet_ECS-4.pdf. 3

Peter Dietze. WIE GROSS IST EIGENTLICH DER CO_2-KLIMAEINFLUSS?, 2018. URL https://www.fachinfo.eu/dietze2018.pdf.

Cornelis Dullemond and Ralf Klessen. Barometrische Höhenformel, 2012. URL http://129.206.102.250/~dullemond/lectures/astro_1_2012/Uebung_3.pdf. access 22.03.2021. 54

Cornelis Dullemond and Ralf Klessen. Atmosphären von Sternen und Planeten, 2018. URL https://www.ita.uni-heidelberg.de/~dullemond/lectures/astr o_1_2012/Kapitel_3.ppt. access 27.03.2021. 54

Digital Dutch. 1976 Standard Atmosphere Calculator, 1999. URL https://www.d igitaldutch.com/atmoscalc/.

Jochen Ebel. Die Strahlungsgesetze, 2021a. URL http://www.ing-buero-ebel.de/ strahlung/index.htm. 5

Jochen Ebel. Schriften zum Treibhauseffekt, 2021b. URL http://www.ing-buero-e bel.de/Treib/Schriften.htm. 5

Jochen Ebel. Der Treibhauseffekt existiert doch!, 2021c. URL http://www.ing-b uero-ebel.de/Treib/Hauptseite.pdf. 5

Jochen Ebel. Präsentation zu Klimazusammenhängen, 2021d. URL http://www.i ng-buero-ebel.de/Treib/Klima.pdf. 5

Literaturverzeichnis

Albert Einstein. Zur Quantentheorie der Strahlung. *Physikalische Zeitschrift bzw. Physikalische Gesellschaft Zürich - Mitteilungen*, 18: Seite 47 – 62 bzw. 121 – 128, 1916. ergänzt: http://www.ing-buero-ebel.de/strahlung/Original/Einstein.pdf. 9, 56, 57, 59, 61, 85, 105

Franz Embacher. Auf dem Weg vom Eis zum Wasserdampf, 2021. URL https://homepage.univie.ac.at/franz.embacher/Splitter/VomEisZumWasserdampf/. access 12.02.2021. 74

R. Emden. *Über Strahlungsgleichgewicht und atmosphärische Strahlung: ein Beitrag zur Theorie der oberen Inversion.* Sitzungsberichte der Bayerischen Akademie der Wissenschaften. Verlag der Königl. Bayerischen Akad. der Wiss., 1913. URL https://books.google.de/books?id=TyOZnQEACAAJ. Kommentierung Ebel: http://www.ing-buero-ebel.de/Treib/Emden.pdf. 4

Klaus Ermecke. Rescue from the Climate Saviors Is the "Global Climate" really in Danger? [die Andersdenker: Rettung vor den Klimarettern. Ist das "Globale Klima" wirklich in Gefahr?], 2009, 2010. URL http://www.ke-research.de/downloads/ClimateSaviors.pdf. http://www.ke-research.de/downloads/Klimaretter.pdf. 7, 108

Ann Esswein and Felie Moucir Zernack. Inselstaat Vanuatu will Industrieländer in die Pflicht nehmen, 2020. URL https://www.deutschlandfunk.de/der-suedpazifik-und-der-klimawandel-inselstaat-vanuatu-will-100.html. access 19.08.2022. 24

Uli Feuermeister. Ambosswolke, 2024. URL https://commons.wikimedia.org/wiki/File:Kumulonimbuswolke_im_Abendlicht_%C3%BCber_Jena.JPG?uselang=de. access 24.01.2024. 21

H. Fortak. *Meteorologie.* Dietrich Reimer Verlag, Berlin, 1982. 12

J. Fourier. Mémoire sur les températures du globe terrestre et des espaces planétaires. *Mémoires de l'Academie Royale des Sciences*, 7:569 – 604, 1827. URL http://www.academie-sciences.fr/activite/archive/dossiers/Fourier/Fourier_pdf/Mem1827_p569_604.pdf. http://gallica.bnf.fr/ark:/12148/bpt6k32227.image.r=memoires+de+l%27academie+des+sciences.f808.langEN; kommentierte Übersetzung: http://www.ing-buero-ebel.de/Treib/Fourier.pdf Erinnerung an die Temperatur der Erdkugel und des planetaren Raumes. 54, 57, 79

Robert Fritzius. Venus Atmosphere Temperature and Pressure Profiles, 2014. URL http://www.datasync.com/~rsf1/vel/1918vpt.htm. http://www.shadetreephysics.com/vel/1918vpt.htm Venus: Atmosphärentemperaturen und Druckprofile. 86, 87

Hans-Georg Gampper. Klima und Klimawandel, 2021. URL https://www.naturfreunde-holzgerlingen.de/nfha/umweltthemen/klimaundklimawandel.pdf. access 17.08.2021. 53

Geo. Geozentrisches Weltbild, 2024. URL https://www.studysmarter.de/schule/physik/astronomie/geozentrisches-weltbild/. access 08.03.2024. 3

112

Bundesverband Geothermie. Terrestrischer Wärmestrom und geothermischer Gradient, 2021. URL https://www.geothermie.de/geothermie/einstieg-in-die-geoth ermie/terrestrischer-waermestrom-und-geothermischer-gradient.html. 50

R. Göhring. Quantentheorie - Verschränkung, 2018. URL https://www.physikalisc her-verein.de/daten/seminare/Quantentheorie/Quantentheorie-7%20SW.pdf. 58

Ken Haapala. Brought to You by SEPP, 2024. URL http://www.sepp.org/twtwf iles/2024/TWTW%20Feb%2024.pdf. access 26.02.2024. 39

Alex Hall and Syukuro Manabe. The Role of Water Vapor Feedback in Unperturbed Climate Variability and Global Warming. *Journal of Climate*, 12 (8):2327 – 2346, 1999. doi: 10.1175/1520-0442(1999)012⟨2327:TROWVF⟩2.0.C O;2. URL https://journals.ametsoc.org/view/journals/clim/12/8/1520-0442_ 1999_012_2327_trowvf_2.0.co_2.xml. Die Rolle der Wasserdampf-Rückkopplung bei ungestörter Klimavariabilität und globaler Erwärmung. 37

R. A. Hanel, B. J. Conrath, V. G. Kunde, C. Prabhakara, I. Revah, V. V. Salomonson, and G. Wolford. The Nimbus 4 infrared spectroscopy experiment: 1. Calibrated thermal emission spectra. *Journal of Geophysical Research (1896-1977)*, 77(15):2629–2641, 1972. doi: https://doi.org/10.1029/JC077i015p02629. URL ht tps://agupubs.onlinelibrary.wiley.com/doi/abs/10.1029/JC077i015p02629. Das Nimbus-4-Infrarotspektroskopie-Experiment: 1. Kalibrierte thermische Emissionsspektren. 77

H. Harde. *Was Trägt CO₂ Wirklich Zur Globalen Erwärmung Bei?* Books on Demand, 2011. ISBN 9783842371576. URL http://books.google.de/books?id= C3Ammd48_MoC. 46

Danny Harvey. An assessment of the potential impact of a downward shift of tropospheric water vapor on climate sensitivity. *Climate Dynamics*, 16:491–500, 07 2000. doi: 10.1007/s003820000055. Eine Bewertung der möglichen Auswirkungen einer Abwärtsverschiebung des troposphärischen Wasserdampfs auf die Klimasensitivität. 38

I.M. Held and B.J. Soden. Water vapor feedback and global warming. *Ann. Rev. Energy Env.*, 25:441 – 475, 2000. URL https://www.annualreviews.org/doi/a bs/10.1146/annurev.energy.25.1.441. Wasserdampf-Rückkopplung und globale Erwärmung. 37

Herz-Stiftung. Gravitationsdrehwaage, 2023. URL https://www.leifiphysik.de/me chanik/kraft-und-masse-ortsfaktor/versuche/gravitationsdrehwaage. 6

E. J. Highwood and B. J. Hoskins. The tropical tropopause. *Quarterly Journal of the Royal Meteorological Society*, 124(549):1579–1604, 1998. doi: https://do i.org/10.1002/qj.49712454911. URL https://rmets.onlinelibrary.wiley.com/doi /abs/10.1002/qj.49712454911. Die physikalische Bedeutung der verschiedenen Definitionen der tropischen Tropopause. - Die tropische Tropopause. 24

HITRAN. The HITRAN2016 molecular spectroscopic database - Special Issue. *Journal of Quantitative Spectroscopy and Radiative Transfer*, 203:3 – 69, 2017. ISSN 0022-4073. doi: https://doi.org/10.1016/j.jqsrt.2017.06.038. URL http:

Literaturverzeichnis

//www.sciencedirect.com/science/article/pii/S0022407317301073. I.E. Gordon and L.S. Rothman and C. Hill and R.V. Kochanov and Y. Tan and P.F. Bernath and M. Birk and V. Boudon and A. Campargue and K.V. Chance and B.J. Drouin and J.-M. Flaud and R.R. Gamache and J.T. Hodges and D. Jacquemart and V.I. Perevalov and A. Perrin and K.P. Shine and M.-A.H. Smith and J. Tennyson and G.C. Toon and H. Tran and V.G. Tyuterev and A. Barbe and A.G. Császár and V.M. Devi and T. Furtenbacher and J.J. Harrison and J.-M. Hartmann and A. Jolly and T.J. Johnson and T. Karman and I. Kleiner and A.A. Kyuberis and J. Loos and O.M. Lyulin and S.T. Massie and S.N. Mikhailenko and N. Moazzen-Ahmadi and H.S.P. Müller and O.V. Naumenko and A.V. Nikitin and O.L. Polyansky and M. Rey and M. Rotger and S.W. Sharpe and K. Sung and E. Starikova and S.A. Tashkun and J. Vander Auwera and G. Wagner and J. Wilzewski and P. Wcisło and S. Yu and E.J. Zak - Die molekularspektroskopische Datenbank HITRAN2016 - Sonderheft. 27, 36

Hohenpeißenberg. Daten Tropopause, 2014. Private Kommunikation mit DWD Hohenpeißenberg. 22, 23

Friedrich Hund. Das Korrespondenzprinzip als Leitfaden zur Quantenmechanik von 1925. 1975. URL https://onlinelibrary.wiley.com/doi/pdf/10.1002/phbl .19760320203. 58

Anand K. Inamdar and V. Ramanathan. Tropical and global scale interactions among water vapor, atmospheric greenhouse effect, and surface temperature. *Journal of Geophysical Research: Atmospheres*, 103(D24):32177–32194, 1998. doi: https://doi.org/10.1029/1998JD900007. URL https://agupubs.onl inelibrary.wiley.com/doi/abs/10.1029/1998JD900007. Wechselwirkungen zwischen Wasserdampf, atmosphärischem Treibhauseffekt und Oberflächentemperatur im tropischen und globalen Maßstab. 38

Institut für Atmosphären- und Umweltforschung. Die Stratosphäre, 2018. URL https://www.iau.uni-wuppertal.de/de/home/atmosphaere/stratosphaere.html. access 28.11.2020. 27

IPCC. Strahlungsantrieb, 2016. URL https://www.ipcc.ch/site/assets/uploads/ 2019/03/IPCC2007-Annex_german.pdf. access 30.10.2020. 35

IPCC. Physical Climate Processes and Feedbacks. 2018. URL https://www.i pcc.ch/site/assets/uploads/2018/03/TAR-07.pdf. Physikalische Prozesse und Rückkopplungen. 37

Jon M. Jenkins, Paul G. Steffes, David P. Hinson, Joseph D. Twicken, and G.Leonard Tyler. Radio occultation studies of the venus atmosphere with the magellan spacecraft: 2. results from the october 1991 experiments. *Icarus*, 110(1):79–94, 1994. ISSN 0019-1035. doi: https://doi.org /10.1006/icar.1994.1108. URL https://www.sciencedirect.com/science/article /pii/S0019103584711080. Radio-Okkultationsstudien der Venus-Atmosphäre mit der Magellan-Sonde: 2. Ergebnisse aus den Experimenten vom Oktober 1991.

T. R. Karl, S. J. Hassol, C. D. Miller, and W. L. Murray. *Temperature Trends in the Lower Atmosphere. Steps for Understanding and Reconciling Differences.* U.S. Climate Change Science Program - Subcommittee on Global Change Research

, 2006. URL http://www.climatescience.gov/Library/sap/sap1-1/finalreport/s ap1-1-final-all.pdf. Temperaturtrends in der unteren Atmosphäre. Schritte zum Verstehen und Austragen von Differenzen. 23, 27

Pierre Kestener. adapted from Manabe and Strickler (1964) with different convective adjustments. 2019. URL https://www.researchgate.net/publicati on/331033819_Thermo-compositional_diabatic_convection_in_the_atmospheres _of_brown_dwarfs_and_in_Earth%27s_atmosphere_and_oceans/figures?lo=1. 35

Muge Komurcu. Book Review "Lectures in Meteorology". *Pure and Applied Geophysics - https://link.springer.com/article/10.1007%2F s00024-015-1095-9*, 172:2943, Oktober 2015. URL https://link.springer.com /article/10.1007/s00024-015-1095-9#citeas. Buchbesprechung "Vorlesungen in Meteorologie". 50, 116

Hans-Joachim Lange. Die Physik des Wetters und des Klimas - Ein Grundkurs zur Theorie des Systems Atmosphäre, 2010. URL http://hajolange.de/. access 09.01.2012. 12

H. Le Treut, Z. X. Li, and M. Forichon. Sensitivity of the LMD General Circulation Model to Greenhouse Forcing Associated with Two Different Cloud Water Parameterizations. *Journal of Climate*, 7(12): 1827 – 1841, 1994. doi: 10.1175/1520-0442(1994)007⟨1827:SOTLGC⟩2.0.C O;2. URL https://journals.ametsoc.org/view/journals/clim/7/12/1520-0442_ 1994_007_1827_sotlgc_2_0_co_2.xml. Sensitivität des allgemeinen Zirkulationsmodells LMD gegenüber Treibhausantrieben in Verbindung mit zwei verschiedenen Wolkenwasser-Parametrisierungen. 38

Lexikon der Optik. Lamb-dip, 1999. URL https://www.spektrum.de/lexikon/opti k/lamb-dip/1708. access 29.03.2021. 84

LUMITOS. Typische Temperaturgradienten, 2021. URL https://www.chemie.de/ lexikon/Barometrische_H%C3%B6henformel.html#Typische_Temperaturgradi enten. 18

S.R Manabe and R.F. Strickler. Thermal equilibrium of the atmosphere with a convective adjustment. j. atmos. sci. 21, 361. 1964. URL https: //journals.ametsoc.org/view/journals/atsc/21/4/1520-0469_1964_021_0361_teo taw_2_0_co_2.xml?tab_body=pdf. Thermisches Gleichgewicht der Atmosphäre mit einer konvektiven Einstellung. 34, 35

L. Mandel and X.T. Zou. Photonenstatistik, 1989. URL http://www.mikomma.d e/phstat/photostatistik.html. 69

Helmut Mayer and Andreas Matzarakis. Ergänzungen zu Meteorologie und Klimatologie, 2003. URL http://home.arcor.de/physikalisch/folienMETerg.pdf. 25

meteo.plus. Temperatur der Tropopause, 2023. URL https://www.tempsvrai.de/ tropopause-temperatur.php. 51

Walter J. Moore. *Physikalische Chemie*. De Gruyter, Berlin, New York, 1986. ISBN 9783110849684. doi: doi:10.1515/9783110849684. URL https://doi.org /10.1515/9783110849684. 61

Literaturverzeichnis

Nicole Mölders and Gerhard Kramm. *Lectures in Meteorology.* Springer International Publishing, Schweiz, 2014. ISBN 978-3-319-02144-7. Rezension lesen: Komurcu [2015] (Treibhauseffekt-Beschreibung ist unvollständig) Vorlesungen in Meteorologie. 50

Ladislaus Natanson. Ueber die Geschwindigkeit, mit welcher Gase den Maxwell'schen Zustand erreichen. *Annalen der Physik*, 270(8B):970–980, 1888. doi: https://doi.org/10.1002/andp.18882700916. URL https://onlinelibrary.wiley.com/doi/abs/10.1002/andp.18882700916. 53, 63

Peter Névir. Die Energie-Wirbel-Theorie der atmosphärischen Dynamik. 2016. URL https://meetingorganizer.copernicus.org/DACH2016/DACH2016-137.pdf. 12

Peter Pfleiderer, Carl-Friedrich Schleussner, Kai Kornhuber, and Dim Coumou. Beständigere Hitze-, Regen- und Trockenperioden weltweit. 2019. URL https://www.hu-berlin.de/de/pr/nachrichten/august-2019/nr-19819-2. 24

Gudrun Pichler. Klimawandel in der Atmosphäre, 2021. URL https://www.uni-graz.at/de/neuigkeiten/klimawandel-in-der-atmosphaere. 33

Raymond T. Pierrehumbert. Infrared radiation and planetary temperature. *Physics Today*, 64:33 – 38, Januar 2011. URL http://geosci.uchicago.edu/~rtp1/papers/PhysTodayRT2011.pdf. Kommentierte Übersetzung http://www.ing-buero-ebel.de/Treib/Pierrehumbert.pdf Infrarot-Strahlung und planetarische Temperatur. 20, 76, 83, 85

R.T. Pierrehumbert. Subtropical water vapor as a mediator of rapid global climate change. In Peter U. Clark and Robert S. Webb and Lloyd D. Keigwin, editor, *Mechanisms of global climate change at millenial timescales, Geophysical Monograph 112*, pages 339–361. American Geophysocal Union, Washington, DC, 1999. Subtropischer Wasserdampf als Vermittler des schnellen globalen Klimawandels. 38

M. Planck. *Vorlesungen über die Theorie der Wärmestrahlung.* J. A. Barth, 1906. URL https://books.google.de/books?id=NbQEAAAAYAAJ. 58, 67

Max Planck. Ueber irreversible Strahlungsvorgänge. *Annalen der Physik*, 306(1):69–122, 1900a. doi: https://doi.org/10.1002/andp.19003060105. URL https://onlinelibrary.wiley.com/doi/abs/10.1002/andp.19003060105. 66, 67, 83

Max Planck. Entropie und Temperatur strahlender Wärme. *Annalen der Physik*, 306(4):719–737, 1900b. doi: https://doi.org/10.1002/andp.19003060410. URL https://onlinelibrary.wiley.com/doi/abs/10.1002/andp.19003060410. 46, 66

Max Planck. Ueber irreversible Strahlungsvorgänge (Nachtrag). *Annalen der Physik*, 311(12):818–831, 1901. doi: https://doi.org/10.1002/andp.19013111210. URL https://onlinelibrary.wiley.com/doi/abs/10.1002/andp.19013111210.

Stefan Rahmstorf. Kernfusion, 2022. URL https://fediscience.org/@rahmstorf/109519012343008891. 40

A. Raval and V. Ramanathan. Observational determination of the greenhouse effect. *Nature*, pages 1476 – 4687, 12 1989. doi: 10.1038/342758a0. URL https://doi.org/10.1038/342758a0. Beobachtungsbasierte Bestimmung des Treibhauseffekts. 38

K. Ruhsert. *Der Elektroauto-Schwindel: Wie Greenwashing-Studien die Energiewende verzögern.* Books on Demand, 2022. ISBN 9783756261062. URL https://books.google.de/books?id=sNZsEAAAQBAJ.

W. Rödel and T. Wagner. *Physik unserer Umwelt: Die Atmosphäre.* Springer, 2011. ISBN 978-3-642-15728-8. URL http://books.google.de/books?id=alvD MUwSgUQC. 28, 55

B. D. Santer, M. F. Wehner, T. M. L. Wigley, R. Sausen, G. A. Meehl, K. E. Taylor, C. Ammann, J. Arblaster, W. M. Washington, J. S. Boyle, and W. Brüggemann. Contributions of Anthropogenic and Natural Forcing to Recent Tropopause Height Changes. *Science*, 301(5632):479–483, 2003. ISSN 0036-8075. doi: 10.1126/science.1084123. URL https://science.sciencemag.org/content/301/5632/479. Übersetzung vorhanden - Beiträge des anthropogenen und natürlichen Strahlungsantriebs zur Änderung der gegenwärtigen Tropopausenhöhe. 4

Alfred Schack. Der Einfluß des Kohlendioxid-Gehaltes der Luft auf das Klima der Welt. *Physikalische Blätter*, 28(1):26 – 28, 1972. URL https://onlinelibrary.wiley.com/doi/epdf/10.1002/phbl.19720280106. access 24.02.2024. 52, 84

D. Schildknecht. Saturation of the infrared absorption by carbon dioxide in the atmosphere. *International Journal of Modern Physics B*, 34(30):2050293, 2020. doi: 10.1142/S0217979220502938. URL https://doi.org/10.1142/S0217979220502938. auch https://arxiv.org/pdf/2004.00708.pdf nicht zu empfehlen, da ein grundsätzlicher Fehler: der Emissionsterm der Schuster-Schwarzschild-Gleichung wird weggelassen. 26, 46

Edwin K. Schneider, Ben P. Kirtman, and Richard S. Lindzen. Tropospheric Water Vapor and Climate Sensitivity. *Journal of the Atmospheric Sciences*, 56(11):1649 – 1658, 1999. doi: 10.1175/1520-0469(1999)056⟨1649:TWVACS⟩2.0.CO;2. URL https://journals.ametsoc.org/view/journals/atsc/56/11/1520-0469_1999_056_1649_twvacs_2.0.co_2.xml. Troposphärischer Wasserdampf und Klimasensitivität. 37, 38

K. Schwarzschild. Ueber das Gleichgewicht der Sonnenatmosphäre. *Nachrichten von der Gesellschaft der Wissenschaften zu Göttingen, Mathematisch-Physikalische Klasse*, 1906:41 – 53, 1906. URL http://gdz-srv1.sub.uni-goettingen.de/gcs/gcs?&&action=pdf&metsFile=PPN252457811_1906&divID=LOG_0009&pagesize=A4&pdf. Neu gesetzt: http://www.ing-buero-ebel.de/Treib/Schwarzschild.pdf. 3, 6, 20, 22, 24, 31, 39, 40, 41, 49, 50, 54, 55, 75, 76, 78, 96, 97

Marie Šimečková, David Jacquemart, Laurence S. Rothman, Robert R. Gamache, and Aaron Goldman. "Einstein A-coefficients and statistical weights for molecular absorption transitions in the HITRAN database". *Journal of Quantitative Spectroscopy and Radiative Transfer*, 98(1):130–155, mar 2006. doi: 10.1016/j.jqsrt.2005.07.003. URL https://ui.adsabs.harvard.edu/abs/2006JQSRT..98..130S. 9

Literaturverzeichnis

Clemens Simmer. Einführung in die Meteorologie - Teil II: Meteorologische Elemente, 2006. URL http://www2.meteo.uni-bonn.de/staff/rlindau/download/pdf/EinfidMet-II-5.pdf. 45, 75

Michael Sprenger and Heini Wernli. Verschiedene Definitionen der Tropopause, 2010. URL https://iacweb.ethz.ch/staff//sprenger/dynmet_HS10/Kapitel_09.pdf. 7, 24

Tim Staeger. (ARD - Europamagazin) Spanien: Ernteausfälle durch Dürre, 2022. URL https://www.ardmediathek.de/video/europamagazin/spanien-ernteausfaelle-durch-duerre/das-erste/Y3JpZDovL2Rhc2Vyc3RlLmRlL2V1cm9wYW1hZ2F6aW4vOGZjM2VhZjctMzg4Yy00ZDFmLTk3ZmEtN2YzMDllOGZmMTZl. 18

J. Stefan. Über die Beziehung zwischen der Wärmestrahlung und der Temperatur. *Sitzungsberichte der mathematisch-naturwissenschaftlichen Classe der kaiserlichen Akademie der Wissenschaften*, 79:391 – 428, 1879. Faksimile auf http://www.ing-buero-ebel.de/strahlung/Original/Stefan1879.pdf. 65, 66, 69, 102

Bjorn Stevens. WarmWorld: Neues Klimamodell hilft, Wetter realistischer zu simulieren und regional bessere Klimaprojektionen zu erstellen, 2024. URL https://www.fona.de/de/aktuelles/nachrichten/2023/20230628_WarmWorld_Interview_Stevens.php. access 01.03.2024, https://archiv.klimanachrichten.de/hamburger-max-planck-forscher-stevens-unsere-computer-sagen-nicht-einmal-mit-sicherheit-voraus-ob-die-gletscher-in-den-alpen-zu-oder-abnehmen-werden/. 39

Universität Stuttgart. Hölder-Ungleichung für Integrale. 2013. URL https://mo.mathematik.uni-stuttgart.de/inhalt/aussage/aussage1049/. 48, 69

USA. Standardatmosphäre, 2020. URL https://www.dwd.de/DE/service/lexikon/begriffe/S/Standardatmosphaere_pdf.pdf?__blob=publicationFile&v=3. access 02.11.2020. 18, 31

Heike Westram. Aus für das Ur-Kilo: Das Kilogramm wird neu bestimmt, 2023. URL https://www.br.de/nachrichten/wissen/das-urkilo-hat-ausgedient-kilogramm-neu-bestimmt-siliziumkugel,R9ZgtIh. 5

Deutscher Wetterdienst. ICAO-Standardatmosphäre, 2020. URL https://www.dwd.de/DE/service/lexikon/begriffe/S/Standardatmosphaere_pdf.pdf?__blob=publicationFile&v=3. 19

Hamburger Wettermast. Strahlungsmessung, 2021. URL https://wettermast.uni-hamburg.de/frame.php?doc=Zeitreihen8d.htm#STRAHLUNG. access 23.03.2021. 47

Jens Wickert, Torsten Schmidt, Stefan Heise, Christina Arras, Georg Beyerle, and Florian Zus. GNSS-Radiookkultation: Globale atmo-sphärische Klimauntersuchungen mit Signalen von Navigationssatelliten. *System Erde*, pages 32 – 37, 2012. ISSN 2191-8589. URL https://gfzpublic.gfz-potsdam.de/rest/items/item_65126/component/file_65159/content. 22

W. Wien. Zur Theorie der Strahlung schwarzer Körper. Kritisches. *Annalen der Physik*, 308(11):530–539, 1900. doi: https://doi.org/10.1002/andp.19003081111. URL https://onlinelibrary.wiley.com/doi/abs/10.1002/andp.19003081111. 57

Willy Wien. Temperatur und Entropie der Strahlung. *Annalen der Physik*, 288 (5):132–165, 1894. doi: https://doi.org/10.1002/andp.18942880511. URL https://onlinelibrary.wiley.com/doi/abs/10.1002/andp.18942880511. 46, 56, 58, 64

Wikipedia. Dopplerfreie Sättigungsspektroskopie, 2020a. URL https://www.spektrum.de/lexikon/optik/lamb-dip/1708. access 29.03.2021. 84

Wikipedia. Barometrische Höhenformel, 2020b. URL https://de.wikipedia.org/wiki/Barometrische_H%C3%B6henformel. access 30.10.2020. 18, 25, 32

Wikipedia. Alfred Schack, 2021a. URL https://de.wikipedia.org/wiki/Alfred_Schack. 52

Wikipedia. Albedo, 2021b. URL https://de.wikipedia.org/wiki/Albedo. access 09.02.2021. 70

Wikipedia. Solarkonstante, 2021c. URL https://de.wikipedia.org/wiki/Solarkonstante. access 09.02.2021. 70

Wikipedia. Plancksches Wirkungsquantum, 2021d. URL https://de.wikipedia.org/wiki/Plancksches_Wirkungsquantum. 58

Wikipedia. Maxwell-Boltzmann-Verteilung, 2021c. URL https://de.wikipedia.org/wiki/Maxwell-Boltzmann-Verteilung. access 06.04.2021. 63

Wissenschaftliche Dienste. des Deutschen Bundestages: Kohlendioxid: Sättigung des Absorptionsbands, 2020. URL https://www.bundestag.de/resource/blob/805260/53df18dcfba9e0b515f8c56d495fb4a1/WD-8-014-20-pdf-data.pdf. 83, 85

WMO. Search Tropopause, 2024. URL https://wmo.int/search?key=Tropopause. access 15.01.2024. 21